学术研究专著

光电装备试验鉴定
质量问题分析

杨 军 李永涛 张 燕 赵玉慧 编著

西北工业大学出版社

西安

【内容简介】 本书介绍了光电装备试验鉴定中质量问题的相关内容。全书共五章,包括绪论、光电装备试验鉴定、装备试验鉴定质量问题处理、光电装备试验鉴定质量问题案例、光电装备试验鉴定质量问题预防等内容。

本书可作为从事光电装备论证、研制、生产、试验和使用的工程技术人员和科研院所人员的参考用书,并为光电装备试验鉴定质量问题的处置提供参考。

图书在版编目(CIP)数据

光电装备试验鉴定质量问题分析 / 杨军等编著. —
西安:西北工业大学出版社,2024.5
ISBN 978 - 7 - 5612 - 9264 - 8

Ⅰ. ①光… Ⅱ. ①杨… Ⅲ. ①光电仪器-鉴定试验
Ⅳ. ①TH89

中国国家版本馆 CIP 数据核字(2024)第 076418 号

GUANGDIAN ZHUANGBEI SHIYAN JIANDING ZHILIANG WENTI FENXI
光 电 装 备 试 验 鉴 定 质 量 问 题 分 析
杨 军 李永涛 张 燕 赵玉慧 编著

责任编辑:孙 倩		策划编辑:杨 军	
责任校对:王玉玲		装帧设计:李 飞	

出版发行:西北工业大学出版社
通信地址:西安市友谊西路 127 号　　邮编:710072
电　话:(029)88491757,88493844
网　址:www.nwpup.com
印 刷 者:西安五星印务有限公司
开　本:720 mm×1 020 mm　　　1/16
印　张:8.875
字　数:164 千字
版　次:2024 年 5 月第 1 版　　2024 年 5 月第 1 次印刷
书　号:ISBN 978 - 7 - 5612 - 9264 - 8
定　价:58.00 元

前　　言

为系统梳理光电装备试验鉴定质量问题,总结工作经验、方法,使光电装备管理使用人员、生产设计人员、研制论证人员、试验鉴定人员以及相关从事光电装备的专业人员能够及时、系统、全面、准确地了解光电装备试验鉴定质量问题的处理工作,本书遴选了光电装备试验鉴定工作中的部分典型质量问题案例,供相关人员参阅。

本书共五章。第一章介绍了装备试验鉴定的概念、质量问题的分类和成因,使读者对光电装备试验鉴定质量问题有一个总体认识。第二章介绍了光电装备的分类、组成特点和试验鉴定内容。第三章介绍了装备试验鉴定质量问题处理的基本概念、处理原则和处理步骤。第四章介绍了光电装备试验鉴定质量问题案例,从设计开发、生产控制、环境适应、系统软件、器件质量、维护使用等六个方面进行案例分析。第五章介绍了光电装备试验鉴定质量问题预防应关注的重点。

本书在认真总结近年来光电装备试验鉴定实践经验的基础上,广泛搜集、整理了试验鉴定中出现的质量问题,并对其发生原因进行了深入分析,对相关处理方法进行了归纳、总结,既有理论上的研究论述,又有实践中的分析处理,覆盖了光电装备试验鉴定质量问题的处理理论与实践全过程。本书具有内容丰富、案例清晰、编排合理、图文并茂、实用性强、通俗易懂等特点。

本书由杨军负责总体框架设计、案例编审及统稿修改。杨军参与了第一章至第五章部分内容的编写,张超参与了第二章部分内容的编写,李永涛参与了第三章部分内容的编写,张燕、赵玉慧参与了第四章部分内容的编写,于明鑫负责文字校对和图片编辑。

本书的出版凝聚了光电装备试验鉴定领域同志的辛勤汗水,大量质量问题案例来源于各试验任务负责人的归零报告。在撰写本书的过程中,得到了袁宏学高级工程师、杨红坚高级工程师等专家的指导和帮助,在此表示诚挚的感谢。

由于水平有限,书中的疏漏和不妥之处在所难免,欢迎读者批评指正。

编著者

2023 年 10 月

目　　录

第一章 绪 论

第一节 装备试验鉴定

一、装备试验鉴定的基本概念

装备试验鉴定是指通过规范化的组织形式和试验活动,对装备的战术技术性能、作战效能、作战适用性和体系贡献率等进行全面考核并独立做出评价、结论的综合性活动。

装备试验鉴定工作贯穿于装备研制、使用的全过程,是装备建设、决策的重要支撑,是掌握装备性能效能,发现装备问题、缺陷,促进装备性能提升,确保装备实用、好用、耐用的重要手段,属于检验考核装备能否满足作战使用要求的国家最高检验行为。

装备试验按试验类别分为性能试验、作战试验和在役考核。

性能试验是在规定的环境和条件下,检验装备是否达到装备研制立项和装备研制总要求中明确的战术技术指标,验证装备边界性能的试验活动。性能试验通常分为性能验证试验和性能鉴定试验两类。性能验证试验属科研过程试验,主要验证技术方案的可行性和装备功能性能指标的符合程度,为检验装备研制总体技术方案和关键技术提供依据。性能鉴定试验属鉴定考核试验,主要考核装备性能的达标程度,确定装备技术状态,为状态鉴定和列装定型提供依据。

作战试验是在近似实战环境和对抗条件下,对装备及其体系作战效能和作战适用性等进行考核与评估,检验装备完成规定的作战任务的满足度及适用条件,掌握装备战术技术指标,探索装备作战运用方式的试验活动。作战试验结论是装备列装定型审查的重要依据。

在役考核主要是通过跟踪、掌握部队装备实际使用和保障等情况,进一步验证装备作战效能和作战适用性,考核装备适编性、适配性,提出装备改进意见、建议的试验活动。在性能试验和作战试验中难以充分考核的指标,可以结合在役考核组织检验。在役考核结论是装备改进、后续订购和退役报废决策的重要依据。

装备试验按鉴定类别分为状态鉴定和列装定型。状态鉴定是按规定的程序和要求,依据装备研制立项批复、研制总要求、试验总案以及相关标准要求,评定装备性能和使用要求符合性,审查装备数字化模型的规范化活动。状态鉴定结论是装备转入作战试验阶段和列装定型审查的重要依据。列装定型是在状态鉴定和作战试验结论的基础上,对装备是否符合研制立项批复、研制总要求明确的作战效能和作战适用性进行综合评定,对装备批量生产条件、生产工艺等进行审查,对装备数字化模型进行复核的活动。

装备试验鉴定一般按试验鉴定总体论证、性能试验、状态鉴定、作战试验、列装定型、在役考核的流程开展。

二、装备试验鉴定考核要求

根据装备试验鉴定工作要求,承担装备试验鉴定组织实施任务的单位主要包括军队装备试验训练基地、试验部队、军队院校、科研院所和训练基地,以及符合资质要求的地方试验机构等。在装备试验鉴定的不同阶段,组织实施装备试验鉴定的主体也不同。

这里对军队装备试验训练基地进行简要介绍。军队装备试验训练基地又称国家靶场,是国家和军队最高决策机构授权的专门试验与鉴定机构,代表国家对武器装备系统实施试验与鉴定,履行国家和军队的职能。

性能试验主要依托军队装备试验单位或符合资质要求的地方试验机构实施,重点考核装备战技性能达标度,具体包括各类科研过程试验和以鉴定定型为目的的试验等。性能试验在考核装备战技性能的基础上,需进一步突出复杂电磁环境、复杂地理环境、复杂气象环境和近似实战环境等条件下的检验考核,充分检验装备性能指标及其边界条件,兼顾考核装备作战与保障效能。

作战试验主要依托军队装备试验单位、部队、军队院校及训练基地联合实施,重点考核装备作战效能、保障效能、部队适用性、作战任务满足度以及质量稳定性等,具体包括高级、初级两类作战试验。其中:高级作战试验属全面充分的作战试验,应将被试装备纳入相关装备体系,基于实战背景构建试验想定,成建制成体系组织实施;初级作战试验可在高级作战试验的基础上相对简化。作战试验要着力构建逼真的战场环境,确保被试装备能在近似实战的条件下进行深度试验鉴定,全面摸清装备的实战效能、体系融合度和贡献率等综合效能底数。

在役考核主要依托列装部队、装备试验单位,结合正常战备训练、联合演训及教学等任务组织实施,重点跟踪、掌握部队装备使用、保障及维修情况,验证装备作战与保障效能,发现问题缺陷,考核部队适编性和服役期经济性,以及部分在性能试验和作战试验阶段难以考核的指标等。要通过全面系统的在役考核,解决装备的"好用"问题,不断提高装备适配性。

依托符合资质要求的地方试验机构开展装备试验任务时,一般实行合同制管理。

三、装备试验鉴定的组织实施过程

装备试验鉴定的组织实施涉及主管业务机关、装备论证单位、研制生产单位、军事代表机构、鉴定实施单位等多个部门、单位,在实施过程中一般需要动用武器、弹药等危险品,并且作为新研制装备本身存在一定的技术、安全风险,因此,装备试验鉴定的组织实施必须做到稳妥、安全、有序。

装备试验鉴定工作中的性能试验、作战试验、在役考核三个阶段,其实施过程周期长、组织实施难度大、考核项目内容多,组织实施的主体和过程也各有不同。为便于读者了解、熟悉装备试验鉴定工作的基本流程,本书以装备性能试验中性能鉴定试验为重点进行介绍。

为有效控制试验鉴定工作质量,鉴定实施单位依据 GJB 9001C—2017《质量管理体系要求》,鉴定实施单位普遍建立了试验鉴定工作过程控制程序,确保试验测试数据有效、现场实施严密、鉴定评估准确、理论技术创新、方法手段先进。

在性能鉴定试验中,装备试验鉴定实施过程主要分为试验鉴定策划、设计和开发、组织实施、鉴定评估、产品交付等阶段,如图 1.1 所示。

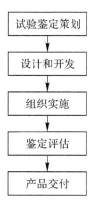

图 1.1　装备性能鉴定试验实施过程主要阶段

下面对上述五个阶段的主要工作进行简要阐述。

(一)试验鉴定策划

试验鉴定策划主要包括策划准备、试验初案论证、试验总案论证,针对装备类别、技术特点、采购方式等,综合考虑试验任务的性质来源,论证提出试验鉴定采取的主要策略和总体工作要求。

1. 策划准备

综合考虑试验鉴定的任务性质、复杂程度、人员能力水平和资历经验等,组建试验鉴定总师团队,组织参与任务策划。

2. 试验初案论证

试验初案是项目立项综合论证期间,对装备试验鉴定工作进行初步筹划的文件。通常根据作战任务和装备主要战术技术指标,设计试验工作节点,研究确定主要试验任务、关键试验资源需求和试验鉴定经费概算等。试验初案是装备研制立项论证的重要内容。

3. 试验总案论证

通常根据装备研制立项批复,结合装备研制总要求论证情况,研究确定试验考核指标体系、试验方案和安排、试验资源保障能力需求以及装备试验单位建议等。试验总案一般在性能试验开始前论证形成。

总体上,在试验鉴定策划中:一是需要明确装备试验鉴定采取的主要方式;二是需要明确装备指标在试验中的策略,确保试验过程可控、经济、有效;三是需要明确验前结果的采信要求,避免重复试验;四是需要明确仿真、模拟及实装试验在整个鉴定定型试验中所占比重的初步策划;五是明确计划安排、试验风险、试验保障等装备试验鉴定其他需要明确的内容要求。

(二)设计和开发

设计和开发主要根据试验任务复杂程度、军用标准适用情况、以往同类试验设计和开发成果等拟制确定试验大纲。试验大纲是鉴定实施单位组织实施试验任务的指导性文件,是制定试验方案、拟定实施计划、组织试验实施和试验总结报告的主要依据。

1. 设计和开发策划输出

根据鉴定定型试验总案、年度任务计划、国家标准规范等文件,组织开展试验大纲编制策划,编写任务试验大纲。

试验大纲的主要内容有任务依据、试验性质、试验目的、试验时间和地点、试验装备数量及技术状态、试验项目、试验方法及要求、测试测量要求、试验暂停中断恢复和终止、试验组织及任务分工、试验保障、试验安全和保密、有关问题的说明、试验实施网络图等。

2. 设计和开发控制

装备试验大纲通常由鉴定实施单位根据任务要求拟定。在拟定试验大纲时,应听取装备总体论证单位、研制管理单位和承研承制单位等各方面的意见。试验大纲是各装备试验组织实施单位在试验中应严格遵守的技术法规。

(三)组织实施

试验任务组织实施分为试验实施计划制订、试前确认和现场实施等过程,是整个装备试验过程中工作涉及面最大、不确定因素最多、技术要求最严的阶段,也是装备试验鉴定质量问题出现及处理的关键阶段。

1. **试验实施计划制订**

试验实施计划是按照试验大纲要求,对装备试验中的人员、装备、设备在试验过程中的工作和考核内容进行计划。试验实施计划是组织、协调现场试验的具体方案和执行步骤,是试验实施过程的指令性文件,是鉴定实施单位进行工作的基础。

试验实施计划的主要内容有试验目的、任务性质、被试品情况、试验项目、试验时间和地点、职责分工、试验方法和实施步骤、保障要求、风险评估、实施计划网络图、各种试验预案、情况说明等。

2. **试前确认**

试前确认是试验任务组织实施前,组织对参加试验人员的调研实习、岗位培训、针对性训练等情况进行检查,对试验设备设施维护管理情况和测试、通信、气象、场地、空域、清场警戒、风险管控等各环节准备情况进行确认。

3. **现场实施**

现场实施是从试验准备工作完成到试验实施计划中规定的所有试验项目实施完毕的整个过程。应根据试验大纲、试验实施计划等要求,严格控制试验条件,按照试验规程操作,确保试验安全顺利进行。现场实施一般包括直前准备、试验进点、现场准备、联调联试、试前检查、现场实施、任务撤收、异常情况处理等。

(1)直前准备

参加试验的单位根据试验任务计划开展试验直前准备工作,在试验实施前完成装备出库、物资请领、检查调试等各项准备工作,协调解决存在的问题。

（2）试验进点

参加试验的装备设备、人员器材、保障车辆等按计划和要求进入预定的位置。

（3）现场准备

各参加试验的人员按照操作规程,迅速完成装备设备、供水供电、车勤保障、医疗救护、消防应急等相关准备,全面进入等待试验状态。

（4）联调联试

根据任务复杂程度和现场准备进展情况,适时组织联调联试和试前综合演练。检验试验指挥程序,测试与保障装备技术状态,人员、装备、技术融合效能,设备布设,线路连接,仪器调试及指令编排等方面的问题。确保参加试验的人员熟悉试验流程、岗位职责,做到口令清晰,应急处置得当。

（5）试前检查

做好参加试验任务的装备系统状态检查,特别是接电供电、链路接口、软件版本等情况,对装备系统技术安全、清场警戒情况、人员车辆管理等进行检查。

（6）现场实施

按照试验实施计划要求,严格遵守相关规范要求和岗位操作规程,协调一致完成试验大纲要求的试验任务。

（7）任务撤收

组织参加试验任务单位的人员、装备、设备、车辆、物资、器材撤收归建。

（8）异常情况处理

试验实施过程中,由于装备状态、试验设备、人员技能、试验程序、气象条件以及其他因素影响,出现异常情况后,在及时报告的同时,要认真进行分析,提出初步处理意见,做出是否调整试验计划的决策,如继续试验、暂停试验、中止试验等,同时对现场实施有效保护,为查明问题原因、做好问题归零提供依据。

（四）鉴定评估

现场试验结束后,要迅速收集、整理试验数据信息,汇总、梳理试验基本情况、数据结果、试验中出现的主要技术问题及处理情况,对指标符合性进行综合分析,拟制试验报告,对装备试验鉴定结果给出总体评估。试验报告是试验任务的技术总结,是装备系统试验情况、质量状况和战术技术性能的真实反映,是评价装备系统和改进升级的重要依据。

（五）产品交付

试验报告编写完毕后,应逐级上报审批批准。装备试验产生的试验技术资料对于装备研制、生产和使用,以及相关装备试验的组织实施具有重要的参考价值。因此,试验任务结束后,要及时、完整、准确地做好试验资料的归档。

第二节 装备试验鉴定质量问题

装备质量问题是指装备质量特性未满足要求而产生或潜在产生的影响或可能造成一定损失的事件。在装备试验鉴定中发生的质量问题,称为装备试验鉴定质量问题。

按照装备试验鉴定质量问题发生的原因,一般将装备试验鉴定质量问题分类,如图 1.2 所示。

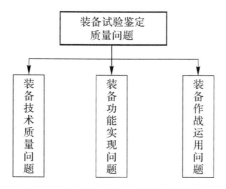

图 1.2 装备试验鉴定质量问题分类

一、装备技术质量问题

装备技术质量问题是指因设计、工艺、配套产品等导致装备完全或部分丧失规定功能的状态,通常包括:

1)因设计输入内容不全或错误、所用理论有误、试验验证不充分、通用质量特性设计欠缺、新技术没有完全掌握等造成的问题;

2)因工艺设计差错、工业设计不规范、工艺方案考虑不周、新工艺未掌握、工艺管理不科学等造成的问题;

3)因元器件、原材料和标准件质量不高造成的问题;

4)因设备功能不符合要求、设备使用寿命不达标和设备校验不到位等引起、或因装备承制单位把关不严、外协外购产品出现质量问题造成的问题;

5)因软件设计差错、软件健壮性或通用质量特性考虑不充分、软件测试覆盖

不全等造成的问题,也包括软件需求、软件接口和软件配置管理等方面的问题;

6)其他问题。

二、装备功能实现问题

装备功能实现问题是指装备未出现技术质量问题,但无法实现预期功能性能和作战效能的情况,通常包括:

1)因装备使命任务分析、装备需求分析、使用条件分析不完善导致相关指标设计不合理或装备设计方案无法满足预期要求的问题;

2)因装备设计方法、工艺实现、配套产品选用等方面的条件限制,造成装备预期功能性能、作战效能无法实现的问题;

3)因现有技术条件无法达到装备贮存、运输、使用所需的环境要求造成的问题;

4)其他问题。

三、装备作战运用问题

装备作战运用问题是指装备在维修保障和作战使用中发现的维修保障问题、装备适配性问题和编配运用问题等,通常包括:

1)按预定的编配标准、编组方式、岗位设置及岗位人员技能要求运用装备,造成的人装适编性问题、装备与任务匹配性问题、新装备与现有装备适应性问题等;

2)按预定的运用程序、方法、规则或超出环境条件要求操作使用装备,造成的不方便、不稳定、不安全问题,以及导致装备性能下降或出现故障的问题;

3)因随配的模拟训练器材、操作使用手册、维修手册、训练大纲等不科学、不合理,以及相关人员的业务技能培训不足,不满足装备操作使用要求的各类问题;

4)因装备保障经费标准、方式、程序和要求等不合理,导致装备服役期经济性不好、装备使用保障费用过高的问题;

5)装备各分系统、子系统之间,以及装备与配套建设的设备设施之间,因性能不匹配、功能不相容、软硬件接口不一致等引起的装备适配性问题;

6)其他问题。

随着装备现代化进程的不断推进,大量新型武器装备快速投入研制、生产和试验鉴定,在这个过程中,试验鉴定问题成为影响装备质量、制约试验进度的重要因素。在装备试验鉴定工作中,强化试验鉴定问题管理运用,不仅可以提高试验效益,加快装备建设周期,而且可以指导装备研制,支撑装备使用,提升装备质量效益。

第三节　装备试验鉴定质量问题的成因

装备试验鉴定工作中,装备出现的质量问题数量、问题产生的原因、问题影响程度,以及问题发生的时机场合,都直接影响装备试验鉴定工作的效益,严重的甚至决定着装备的研制结果。从装备全寿命、全周期管理过程来看,装备质量问题贯穿于论证、设计、初样、正样、检验、鉴定、生产、使用等环节步骤,环环相扣,互有影响,既有装备自身特有的独立性,又有装备构造机理的关联性,成因复杂多变,受人员、装备、材料、方法、环境、测量等质量因素影响,是装备试验鉴定工作中想全力避免又无法避免的现实问题。

一、装备论证方面

我国武器装备经历了从引进仿制到自主研制的阶段,前期由于对武器装备了解不深入,对装备技术方法掌握不熟练,导致在装备论证方面存在短板、弱项,在装备论证的科学性、充分性、全面性上有一定程度的偏差。特别是在与实战性能结合方面,需求分析不系统、不准确,与装备作战使用结合不紧密,对作战部队关注的作战效能、作战适用性以及通用质量特性的关注度存在不足,一些装备使用适用的质量问题层出不穷。近年来,随着武器装备现代化、信息化建设的持续推进,高新技术在武器装备中大量应用,新技术、新方法带来的论证、验证不充分导致质量问题发生,战技指标过高与技术、工艺水平不足导致论证与装备脱节,也是造成武器装备质量问题发生的重要因素。

二、装备设计方面

装备设计不仅是落实装备论证的全面筹划,也是开展装备生产的指导蓝图。武器装备顶层设计上不够有力,受装备实战使用论证和产品技术水平所限,对装备实际使用环境条件、装备工作特性、人机适应等分析不全面,对系统间的接口、协议、适配性等统合力度不足,对装备软件需求分析、开发环节、配置、管理等规范不到位,导致装备适配性和实用性大打折扣。加之,随着装备国产化要求的实施推进,大量新技术、新材料进入武器装备设计领域,对新技术的分析掌握不系统和实践应用不托底造成设计要求难以实现,对新材料的构造机理把握不深入和筛选应用不全面造成设计效果难以实现,都直接或间接造成装备在试验鉴定中质量问题的发生。

三、装备生产方面

武器装备生产是落实论证设计的重要环节,直接影响着装备的质量。在工作实践中:装备元器件控制把关不严格,元器件质量不合格,造成不符合标准要求的元器件进入装备系统;装备安装工艺、手续欠缺,缺少必要的环节步骤,造成装备不满足装配标准要求;安装操作人员不按规程操作,随意变更安装过程规范,造成人为安装差错问题;装备软件研发程序不规范,开发过程不清晰,测试要求不明确,造成软件工程化水平不高;等等。总体来说,就是装备生产单位质量管理体系落实不严格,规章制度落实不到位,人员质量意识不强,以致装备质量问题在装备生产环节无法暴露,埋下的质量隐患制约着装备建设效益。

四、装备检验鉴定方面

装备检验鉴定是对装备是否满足设计使用标准要求而开展的一系列考核活动。在检验验收上,存在着检验样本量偏少,检验环境控制不严格,检验方法手段不合理,检验测试手段不健全,软件版本控制不清晰,重分系统、轻系统检验,以及通用质量特性检验不足等问题,导致检验验收环节考核的不完善、不充分,造成质量问题在后续的试验鉴定阶段易发、多发。在试验鉴定上,存在着装备状态不稳定、不一致,极限边界条件考核不充分,软件状态不稳定,操作使用不熟练,维护保养不规范,条件控制不标准以及评审把关不严格等问题,影响了对装备效能的科学、有效评价。

第二章 光电装备试验鉴定

第一节 光电装备的概念和分类

光电装备通常是指以光电器件为核心,以现代光电子技术为牵引,将光学技术、电子/微电子技术和精密机械技术等融为一体,具有一定战术功能的装备。它被广泛应用于光电侦察、光电火控、武器制导、光电对抗等多个方面,显著提升了侦察水平,增强了全天候战斗、武器精确命中和战场防护生存能力。

装备按类型可划分为光电侦察装备、光电制导装备、光电对抗装备、导航定位装备,如图 2.1 所示。

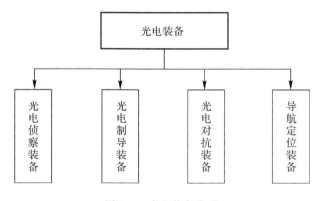

图 2.1　光电装备类型

一、光电侦察装备的概念和分类

光电侦察装备是指利用光源在目标和背景上的反射或目标、背景本身辐射电磁波的差异来探测、识别目标,并对它们进行跟踪、瞄准的侦察仪器或系统。其主要通过可见光、红外线、微光、激光等探测手段,并结合图像融合处理技术,实现目标的侦察识别。通常,光电侦察装备按承载平台可分为机载光电装备、车载光电装备、舰载光电装备、星载光电装备、单兵光电装备、无人光电装备等。

1. 机载光电装备

机载光电装备最具代表性的是直升机载光电装备,该系统主要分为侦察、制导、导航、光电对抗以及平视显示器等光电系统。

侦察型光电系统主要以侦察为主,探测距离远,全天候和全天时使用,具有目标定位和无线数据传输功能;制导型光电系统主要满足昼夜作战使用,提供满足制导与火力控制的精度和操作控制;导航光电系统一般与头盔配合使用,具有接近人眼的超宽夜视视场以及高速调转角速度和角加速度控制。

2. 车载光电装备

军用车辆一般包括坦克、两栖车、装甲车、步兵战车、侦察车、自行火炮等。车载光电装备是车辆的眼睛。不同的车辆,配备的光电系统也不同,一般可分为两类:一类是以坦克和装甲车为主的潜望直接瞄准(简称直瞄)式光电系统,另一类是以侦察车为主的间接瞄准(简称间瞄)式光电系统。

潜望直瞄式光电系统通过反射镜将光导入车内,从目镜观察目标,或者通过显示屏观察目标,光电系统仅反射镜在车外,其余部件都在车内;间瞄式光电系统的光电传感器都在车外,操作手只能通过显示屏观察目标。

3. 舰载光电装备

舰载光电装备根据搭载平台可划分为潜用光电、舰载光电和岸基光电,主要利用光电技术实现情报侦察、警戒跟踪、定位定向、导弹制导、对抗毁伤等。

舰载光电装备按频谱特性可划分为:①可见光,进行电视跟踪、电视制导、电视监控等;②激光,包括蓝绿激光、固体激光、化学激光、气体激光,进行激光测距、激光制导、激光对抗、激光通信、潜用激光电视监控等;③红外线,包括远红外、近红外,进行红外侦察、红外警戒、远程红外预警、红外告警、红外干扰、红外制导、红外跟踪等;④紫外线,进行紫外成像、紫外通信等。

4. 星载光电装备

星载光电装备是以升空卫星为载体,利用光学手段实现光学侦察、跟踪预警、战场监测等目的的光电装备,主要由各种光学相机组成,具有极高的分辨率和图像清晰度,能够实时监视目标。

光学照相侦察卫星作为一种重要的空间侦察手段,不受地域、空域限制,通过过顶侦察、接续侦察、同步侦察等方式,获取军事情报,并通过多光谱、高光谱等手段,获得高分辨率目标,有效提高探测伪装和模糊目标的能力。

5. 单兵光电装备

单兵光电装备是以士兵个人或班组为平台所配备的光电装备,主要包含轻武器光电瞄具、头盔光电系统、手持或携带式侦察设备等。

轻武器光电瞄具是指士兵使用的各类轻武器所配备的光电瞄准装置,头盔光电系统是指士兵头盔佩戴的光电装置,手持或携带式侦察装备是指士兵手持或携行的光电观察、指示和侦察装备。

6. 无人光电装备

无人光电装备是指光电系统起较大作用的无人车辆和无人飞行器,平台上没有人员直接驾驶,是通过人工智能、远程遥控方式完成任务的装备。

无人光电装备依据载荷能力和任务要求配属不同的光电系统。简易类配备单一的光电装置,用于微小型无人车和无人机;侦察类配备两种或两种以上的光电装置,用于中、小型无人车和无人机;打击类配备能够提供目标指示、光电火控、制导等功能的光电装置,用于中、大型无人车和无人机;控制类配备环境感知、导航定位等可实现自主行驶的光电装置,用于大型无人车和无人机。

二、光电制导装备的概念和分类

光电制导装备主要指通过接收目标光学辐射(包括对目标主动/半主动照射后反射、目标自身辐射、目标对自然光反射),测量载体相对目标空间偏差,导引和控制导弹飞向目标的制导装备。光电制导装备按采用的光波波段可分为可见光、红外线、激光和多模复合制导等。

1. 电视制导装备

电视制导装备是指利用目标反射的可见光信息,对目标进行捕获、定位、跟踪和导引导弹飞向目标的装备,通过一次性获得目标区域的全方位信息,从而为精确打击提供更有效、实时的目标精确导引措施。电视制导方式可分为电视寻的制导、电视遥控制导和电视跟踪指令制导。

电视寻的制导,电视摄像机装在弹体头部,由摄像机和跟踪器自动寻的和跟踪目标;电视遥控制导,弹上摄像机摄取的图像通过微波传送到制导站,由制导站形成制导指令控制导弹命中目标;电视跟踪指令制导,由外部摄像机捕获、跟踪目标,用无线电指令导引武器命中目标。

2. 红外制导装备

红外制导装备是指通过探测目标的红外辐射,利用目标和景物的热辐射成像进行目标识别,并对目标图像进行实时处理,获取误差信号反馈跟踪,用于引导导弹准确攻击目标的装备。红外制导分为红外非成像制导和红外成像制导。

红外非成像制导是利用弹上红外非成像导引头接受目标辐射的红外能量,实现对目标的捕获与跟踪,导引导弹命中目标。红外成像制导是利用弹上红外成像导引头,依据目标和背景的红外图像识别和捕获目标,导引导弹命中目标。

3. 激光制导装备

激光制导装备是指利用激光或激光器技术,对敌方目标进行捕获跟踪,导引导弹命中目标的装备。激光制导装备可分为激光寻的制导、激光驾束制导和激光指令制导。

激光寻的制导是由弹外或弹上激光目标指示器向目标发射具有一定脉冲编码的激光束,弹上激光寻的器接收从目标漫反射回来的激光,并根据这个信息检测目标和弹体的相对位置及其运动参数,由弹上计算机装置按选定的导引方法,给出导引控制信号,操纵导弹飞向目标;激光驾束制导是由激光束投射器发射含有方位信息的光束,导弹尾部的接收装置把光束内的方位信息转变为导弹的飞行控制信号,导引导弹命中目标;激光指令制导是由导弹尾部的激光接收机接收激光指令信息波,经信号调制解调后,控制导弹按指令击中目标。

4. 复合制导装备

复合制导装备是指利用多模复合制导技术,采用两种或两种以上制导模式,导引导弹击中目标的装备。复合制导装备从复合方式上可分为串联型复合制导、并联型复合制导和混合型复合制导。

串联型复合制导主要用来在确保制导精度的前提下增加制导系统的作用距离;并联型复合制备由两种或多种信息源实现制导,根据作战环境选择制导形式,提高导弹抗干扰能力,也可互相辅助完成制导;混合型复合制导兼具串联型复合制导和并联型复合制导的特点。

三、光电对抗装备的概念和分类

光电对抗装备是指用于对敌方光电设备及制导武器实施侦察、干扰、摧毁和致眩,保护己方人员安全和光电设备正常使用的光电设备和器材。光电对抗装备主要是指光电侦察告警装备和光电干扰装备。

1. 光电侦察告警装备

光电侦察告警装备用于实时探测指向目标的导弹或激光束,确定其特征、方位和威胁程度,并及时发出告警指示或启动相应干扰对抗措施。其按照侦察方式又可分为光电主动侦察和光电被动告警两类装备。

光电主动侦察是利用被侦察设备光学系统的反射特性来进行的,包括红外主动侦察和激光主动侦察,其中红外主动侦察由于光源隐蔽性较差,因此使用范围较小。激光主动侦察是利用光学设备对激光反射的"猫眼效应"来进行侦察的,向敌方光电装备主动发射激光束,然后接受其反射回波并进行分析,就可以确定敌方光电设备的特性和位置,并引导激光干扰。激光主动侦察装备进行空间扫描采用的是低能激光脉冲。

光电被动告警装备是利用光电探测器,对敌方武器设备所辐射或散射的光波进行侦察、截获及识别,判断威胁的性质和危险等级,确定来袭方向,然后发出警报并启动与之相连的防御系统实施对抗。光电告警装备可分为红外告警、紫外告警、激光告警、光电复合告警等。

2. 光电干扰装备

光电干扰装备是指通过光电技术手段改变或模拟目标的典型光电特征,扰乱、欺骗或压制敌方光电侦察设备和精确制导武器,使其迷茫或失效。光电干扰装备可分为光电有源干扰和光电无源干扰。

光电有源干扰装备是通过有意发射特定波长或波段的光波,对敌方光电武器设备进行扰乱或破坏的光电干扰装备。根据干扰源类别的不同,光电有源干扰可分为激光干扰和红外干扰。

光电无源干扰装备是利用某些特殊材料反射、散射或吸收光波的特性,来隐蔽和改变己方武器平台的光学特性,以改变敌方光电侦察和精确制导武器的电磁波介质传播特性,降低其作战效能,妨碍敌方光电武器或设备正常工作的一种光电对抗技术。光电无源干扰技术主要可分为烟幕干扰技术和光电假目标技术。

四、导航定位装备的概念和分类

导航定位装备是利用光学、电学、力学等方法,通过测量与运载体位置有关的参数来实现对运载体的定位,并从出发点沿预定的路线,引导运载体到达目的地的装备。导航定位装备是现代侦察装备的重要组成部分。导航定位装备按导航方式可分为惯性导航装备、卫星导航装备、组合导航装备等。

1. 惯性导航装备

惯性导航装备是指利用惯性测量单元的输出、参考时钟及重力场模型,在规定的导航坐标系下估算随时间变化的运载体位置、姿态和速度的导航装备。惯性导航系统可分为平台式惯性导航系统和捷联式惯性导航系统。

平台式惯性导航系统将惯性测量元件安装在惯性平台上,惯性平台稳定在预定的坐标系内,为加速度计提供一个测量基准,并使惯性测量元件不受载体角运动的影响,导航计算机根据加速度计的输出和初始条件进行导航解算,得出导航参数;捷联式惯性导航系统将惯性测量元件直接固连在载体上,测量沿载体坐标系的角速度和角加速度,计算机利用陀螺的输出进行坐标变换,得出导航参数。

2. 卫星导航装备

卫星导航装备是利用空间卫星播发的无线电信号,采用时间测量获得距离(差)的方式,确定用户的位置、速度和时间,实现导航定位的装备,属于无线电导航的一个分支,其系统归类于无线电时间系统或无线电相位导航系统。

目前,全球主要有美国全球定位系统(GPS)、俄罗斯格洛纳斯(GLONASS)、中国北斗卫星导航系统(BDS)、欧洲伽利略(Galileo)等四大全球卫星导航系统和印度导航星座(Navlc)、日本准天顶卫星系统(QZSS)等两大区域卫星导航系统共同为用户提供定位导航授时服务。其中,美国 GPS 是应用最广泛的卫星导航系统。

3. 组合导航装备

组合导航装备是一种应用数据融合技术的多传感器组合信息装备,可根据实际需要选择两种或两种以上的传感器构成一个多功能、高精度的导航系统。

惯性/卫星组合导航装备是典型的组合导航装备,由卫星系统和惯性导航系统组成,利用数据融合的手段将打时戳的卫星系统信息和惯性导航系统的位置、速度等导航数据组合在一起实现导航。

第二节　光电装备的组成特点

光电装备具有精度高、分辨率高、信息容量大、抗电磁干扰性能强、保密性好等优点,是现代军事装备领域重要的组成部分。

一、光电侦察装备的组成特点

光电侦察装备与电子、雷达、声、磁等侦察装备相辅相成,互为补充,各有特点,共同组成一个完整的战略、战术侦察体系,为各级指挥员迅速、准确、全面地掌握敌情、运筹帷幄、克敌制胜提供前提条件。光电侦察装备的主要优点是成像分辨率高,提供的目标图像清晰,大多数是被动侦察装备,隐蔽性好,不易被敌方探测发现,抗干扰性好,全天候性能好,白天和黑夜都能实施侦察。

1. 机载光电装备

机载光电装备是将光电侦察装备搭载在固定翼飞机、直升机上遂行战场侦察、区域监视、毁伤评估等作战任务的武器装备,主要由电视、热像探测器、激光测距指示器及伺服稳定平台组成。机载光电装备可昼夜对面目标进行搜索、观察、识别、捕获、跟踪、测距、照射,实时向武器系统提供目标空间信息。典型机载光电装备有武装直升机稳瞄系统、机载搜索跟踪系统等。

2. 车载光电装备

车载光电装备一般集电视、红外、激光测距、激光照射等功能为一体,主要由底盘系统、车上侦察系统、车下侦察系统、定位定向导航系统、情报(信息)处理及通信系统、自卫防护系统等组成。车载光电装备可用于:侦察敌情、地形,观察战场;测定目标和炸点坐标,观察射击效果;部分装备还具备激光末制导炮弹和光纤制导导弹目标指示/引导能力,具备一定的情报处理、侦察指挥和射击指挥能力。典型车载光电装备有炮兵侦察车、装甲侦察车、测地车等。

3. 舰载光电装备

舰载光电装备一般集探测、预警、跟踪、瞄准等功能于一体,主要由可见光电视、微光夜视仪、红外热成像仪、激光测距机、红外警戒设备、光电对抗设备等组成,可实现目标搜索跟踪、环境监视测量、打击效果评估、威胁预警防护等功能。典型舰载光电装备有光电潜望镜、光电跟踪仪、目标指示瞄准具、光电侦察火控设备、激光告警设备等。

4. 星载光电装备

星载光电装备装载于卫星平台,通过持续对目标区域的监视测量获取高清晰度的图像信息,一般具有体积小、质量轻、功耗低等特点。随着空间技术的发展,星载光电装备除原有的侦察监视功能外,卫星武器化发展趋势逐渐明显,星载激光武器技术应用探索持续深入,星载光电装备的重要性进一步提升。典型星载光电装备有可见光相机、多光谱相机、激光发射器等。

5. 单兵光电装备

单兵光电装备是单兵作战系统的重要组成部分,作战使命就是对特定战术目标进行侦察定位,主要由侦察系统、测距系统、定位系统、定向系统等组成,可实现可见光/红外侦察、激光测距、北斗定位定向等功能。典型单兵光电装备有光学瞄准具、热成像侦察仪、微光夜视仪、激光测距望远镜等。

6. 无人光电装备

无人光电装备主要由光电侦察系统、环境传感器、光电导航系统、光电传输系统、动力系统、控制系统以及火力系统等组成,通过人工智能或远程控制方式实现自主运行工作,体积小,质量轻,运行速度和续航时间等都得到了大幅提升,无人光电装备增强了作战效能,改善了对作战人员生命的保护,装备环境适应性强,是现代战争中广泛使用的武器装备。典型无人光电装备有无人驾驶车辆、地面机器人、无人侦察机、无人作战飞机等。

二、光电制导装备的组成特点

光电制导装备是精确制导武器的重要组成部分,广泛应用于现代高技术局部战争,具有在恶劣气象条件下和复杂战场环境中实现精确打击的能力。光电制导装备的主要优点是图像分辨率高、制导精度高、抗电子干扰能力强,具备远程作战、"发射后不管"、自动选择目标和攻击目标要害部位的能力。

1. 电视制导装备

电视制导是精确制导技术中非常重要和常用的一种制导技术。电视制导装备通过载体头部采集的电视图像信号,测量载体相对目标的空间偏差,使载体纠偏趋向目标,实现将弹丸导向目标的目的。电视制导分辨率高,能提供清晰的目标图像,制导精度高,但在能见度差的情况下作战效能下降,夜间不能使用。电视制导装备由摄像机系统、图像处理器/控制器、手柄和监视器等组成。典型电视制导装备有电视制导炸弹、电视制导导弹等。

2. 红外制导装备

红外制导装备多用于被动寻的制导,其光学系统结构简单可靠,功耗少,体积小,隐蔽性强,具备发射后自主跟踪攻击目标的能力,可提高人员和装备的战场安全性。其中:红外非成像制导是利用红外探测器捕获和跟踪目标自身所辐射的红外能量实现精确制导的技术,具有制导精度高、不受无线电干扰、可昼夜工作、攻击隐蔽性好等特点,但受云、雾和烟尘影响大,不能抗光电干扰;红外成像制导装备通过目标与背景的温度差异探测目标,制导信息源是目标图像,具有分辨率高、灵敏度高、抗干扰能力强等特点,具有更远的全向探测能力,能够对付高速机动小目标、遮蔽地形中的运动目标或隐蔽目标。典型红外制导装备有反坦克导弹、制导炮弹、空空导弹等。

3. 激光制导装备

激光制导装备可分为主动(照射光束在弹上)与半主动(照射光束在弹外)两种方式,是反坦克导弹广泛使用的制导方式,命中精度高、抗干扰能力强、结构简单、成本低。激光制导装备包括导引头、导弹战斗部、激光目标指示器、动力装置及控制装置。典型激光制导装备有激光制导炮弹、激光制导炸弹等。

激光驾束制导属于遥控制导,由制导站发出引导波束,导弹在引导波束中飞行,由弹上制导系统感受其在波束中的位置并形成引导指令,最终将导弹引向目标。激光驾束制导装备抗干扰性强,解码方式简单,主要由瞄准跟踪系统、激光发射编码部分和弹上接收译码部分组成。典型激光驾束制导装备有防空导弹、反坦克导弹等。

激光指令制导属于遥控制导,是一种成熟的制导技术,通过激光脉冲传递制导信息,可靠性高,精度高,抗干扰性强,但发射激光易被云、雾、雨等吸收,透过率低,全天候使用受限。激光指令制导装备包括导引头、战斗部、激光指令收发系统、动力装置及控制装置。典型激光指令制导装备有反坦克导弹、多用途导弹等。

4. 复合制导装备

复合制导装备可以综合利用多种制导模式的优点,弥补缺点,以增大制导系统的作用距离,提高制导精度、抗干扰能力和全天候使用能力,更好地满足作战使用要求。根据飞行过程中初始段、中段和末段的不同特点,各阶段分别采取不同的制导方式,也可以中段和末段共同采用一种制导方式,还可以在一个飞行阶段同时或交替采用两种制导方式。多模复合制导从主、被动方式上可分为主动/被动复合、主动/半主动复合、半主动/被动复合、被动/被动复合等。复合制导装备由导引头、融合处理系统、动力控制系统、显示操作系统等组成。典型复合制导装备有炮射导弹、防空导弹、空地导弹等。

三、光电对抗装备的组成特点

光电对抗装备在现代战争中发挥着重要作用,是掌握战场主动权的重要手段。光电对抗装备可为防御及对抗提供及时的告警和威胁源确定,通过光电技术手段,扰乱、迷惑和破坏敌方光电探测设备和光电制导系统的正常工作,在保护己方装备和人员免遭敌方打击的情况下,为己方打击行动提供条件。光电对抗装备的主要优点是多光谱、智能化、模块化、通用化,对敌方光电武器装备效能发挥影响大。

1. 光电侦察告警装备

光电侦察告警装备是对敌方进行攻击与实施干扰的前提和基础,是光电对抗的重要组成部分。光电主动告警系统通常由光电发射接收装置、信号放大与处理、显示报警等部分组成,光电被动告警系统通常由光学探测、信号放大与处理、显示报警等部分组成。

红外告警装备通过对导弹助推段发动机尾焰或高速弹体气动加热的红外辐射进行探测,为己方目标实施防护机动提供预警。其配装的典型装备有装甲车、直升机等。激光告警装备针对具有激光特征的光信号,对大气中的激光辐射和散射进行探测接收,确定激光光源特性。相比其他告警方式,激光告警具有探测概率高、反应时间短、动态范围大、探测灵敏度高、覆盖空域广、能测定所有军用激光波长、体积小等优点,是光电对抗的关键设备。其配装的典型装备有坦克、侦察车等。紫外告警装备通过探测导弹尾烟的紫外辐射来为被保护平台提供短程、近程防御,确定其来袭方向,发出警报,以便及时采取有效对抗措施。紫外告警具有隐蔽性好、虚警低、不需冷却、告警器体积小等优点,是装备量最大的导弹逼近告警系统之一。光电复合告警装备是在红外、激光、紫外告警技术基础上发展起来的一种新型告警技术,使用多波段光电传感器和光电探测信息融合技术,对不同波段的威胁信息进行复合探测和综合处理,发挥最大效能。

2. 光电干扰装备

光电干扰装备是光电对抗装备的重要组成部分,其主要干扰对象是各种光电武器装备。在各种光电干扰装备中,技术比较成熟的主要有激光角度欺骗和距离欺骗干扰技术、红外干扰弹技术、红外干扰机技术、烟幕干扰技术和光电假目标技术等。光电干扰装备主要由光电告警装置、信号处理与控制、干扰装置等组成。典型光电干扰装备有光电侦察干扰车、激光干扰车等。

目前,典型光电干扰装备的架构主要有以下几种。

1)对抗成像制导武器或机载观瞄:目标侦察(红外)＋捕获跟踪＋激光压制干扰。

2)对抗激光制导武器:激光告警＋激光欺骗干扰。

3)对抗激光制导武器:激光告警＋烟幕干扰。

4)对抗空空图像制导导弹:红外(紫外)告警＋诱饵干扰。

四、导航定位装备的组成特点

导航定位装备是武器系统的重要信息源和核心技术装备,是装备信息化的重要基础,对提高装备快速、机动能力,实施精确打击,增强自我生存能力具有十分关键和重要的作用。惯性系统的优点:自主性强,它可以不依赖任何外界系统支持,而单独进行工作;可连续地输出包括姿态、航向、位置等信息,并具有实时性;具有非常好的短期精度和稳定性。其缺点:导航定位精度随时间延长而降低,即定位误差随时间而积累;加温和对准时间较长。全球卫星定位系统的优点是定位精度不随时间延长而发生变化,能保持长期稳定;缺点是工作受外界因素(如气候、地形、外部干扰等)影响以及需要地面辅助设备。组合导航定位系统能有效地利用各种传感器的信息,可利用平滑的惯性信息,滤掉设备位置信号的噪声,从而使位置信息更精确;反之也可利用位置信息来抑制惯性系统随时间延长产生的误差,使得组合系统的定位精度大大提高。

1. 惯性导航装备

惯性导航系统的输出经常标注时戳,与其他系统的数据保持同步,惯性导航的误差随时间发散,但利用辅助手段可以抑制。惯性导航装备通常由惯性测量装置、控制显示装置、状态选择装置、导航计算机和电源组成,惯性测量单元包含陀螺仪及加速度计,为提高定位结果精度,惯性系统通常还与里程计、高程计配合使用。典型惯性导航装备有激光惯导、光纤惯导等。

2. 卫星导航装备

卫星导航系统整体上可分为空间段、控制段和终端段三部分,能够实现定位功能、定向功能、测速功能、授时功能、短报文通信功能等。卫星导航装备以低廉的价格、便捷的使用方式,实现全天候、全天时、高精度定位导航,成为武器系统作战效能倍增器。卫星导航装备通常由主机、接收天线和配套电缆组成。主机一般安装在车内,接收天线安装在车顶;一条射频电缆连接主机和接收天线,负责天线到主机的信号传输;另一条数据电缆连接主机与武器平台的火控系统或其他控制系统,负责卫星导航装备与武器平台之间的数据及指令传输。典型卫星导航装备有北斗接收、GPS/北斗接收机等。

3. 组合导航装备

惯性导航装备性能可靠,抗干扰能力强,但其精度会随着时间推移而降低;卫星导航装备成本低,精度高,但其数据更新频率低,没有姿态信息的输出且信号容易受到遮挡或干扰。组合导航将二者的优点结合起来,从而获得高可靠性和高精度的导航信息。卫星/惯性组合方式主要包括松组合、紧组合和深组合。组合导航装备通常由惯性导航装置、卫星导航装置、监视器、计算机、电源组成。配装的典型装备有自行榴弹炮、远程火箭炮、侦察车等。

第三节　光电装备试验鉴定内容

光电装备试验鉴定是装备试验鉴定工作的重要组成部分。在组织开展试验鉴定过程中,基本任务是:通过规范化的试验,掌握装备性能效能,发现装备问题缺陷,严把装备鉴定定型关口,确保装备实用、好用、耐用。

一、光电装备试验鉴定原则

光电装备试验鉴定坚持面向实战、全程覆盖、独立公正的原则,注重试验整体设计和资源统筹,科学、合理确定试验鉴定模式,通常按照先单项试验、后综合试验,先分系统试验、后系统试验,先静态试验、后动态试验,先地面试验、后飞行试验,先开环仿真、后闭环仿真的试验程序进行。确定试验项目要区分新研装备和改进装备,遵循全面性、科学性、针对性和可操作性的原则。全面性就是要按照研制任务书中规定的战术技术指标要求进行全面考核;科学性就是在按照战术技术指标要求考核的基础上,根据光电装备的使用特点,按国家军用标准的要求,符合装备的实际使用要求,制定科学、合理的试验项目;针对性就是根据光电装备以往试验的结果,重点考核装备的薄弱环节和以往试验中曾经出现问题的环节;可操作性就是根据试验鉴定单位组织实施的能力水平,确定试验项目,统分结合开展试验项目测试。

二、光电装备试验鉴定指标体系

光电装备按照不同的装备类型和结构组成,有作为型号装备单装使用的、作为分系统独立工作的、作为系统部件配合使用的,可以说工作模式多样、操作方法各异、使用对象不同。因此,在性能试验、作战试验、在役考核不同试验类别下,需要构建相应的指标体系。

一般情况下,性能试验通常包括装备功能性能试验、装备质量特性试验、装备复杂环境适应性试验和边界性能考核。

1)装备功能性能试验:主要包括外形尺寸、作用距离、跟踪精度、分辨率、定位定向、图像传输、视场倍率等装备战术技术指标考核。

2)装备质量特性试验:主要包括可靠性、维修性、测试性、保障性、安全性、环境适应性、电磁兼容性等通用质量特性,以及人机功效、软件能力、网络安全、互操作性等。

3) 装备复杂环境适应性试验和边界性能考核: 主要包括复杂电磁环境、复杂自然环境、复杂气象环境、复杂地理环境和复杂综合环境等近似实战条件下的装备功能性能考核。

作战试验通常结合装备特点, 分析建立评估装备作战效能和作战适应性的试验指标体系。

1) 作战效能: 主要包括侦察情报能力、指挥控制能力、机动投送能力、多维防护能力、综合保障能力等。

2) 作战适应性: 主要包括人机适应性、环境适应性、体系贡献率、体系融合度、部队适编性、质量稳定性等。

在役考核主要考核装备的部队适编性、适配性、服役期经济性和部分在性能试验、作战试验中难以充分考核的指标, 验证装备作战效能、作战适应性、体系适应性和其他遗留问题解决情况。

三、光电装备试验鉴定项目

为便于广大读者熟悉了解光电装备试验鉴定的主要项目, 笔者选取使用较为广泛、集成度较高、考核指标较全面的某型光电装备性能鉴定试验进行介绍。

1. 一般性检查

检查装备的系统组成、外观质量、标志、颜色、质量、尺寸、终端接口等是否满足战术技术指标和使用要求。

2. 功能检查

考核装备的各项基本功能是否满足战术技术指标和使用要求。

3. 接口和图像帧频检查

考核装备的外部检测接口、图像帧频是否满足战术技术指标要求。

4. 视场

装备分别在不同工作模式下, 通过测试系统考核视场是否满足战术技术指标要求。

5. 分辨力

考核装备分辨力是否满足战术技术指标要求。

6. 倍率

考核装备倍率是否满足战术技术指标要求。

7. 光轴一致性

考核不同光学系统光轴平行度是否满足战术技术指标要求。

8. 出瞳直径

考核装备出瞳直径是否满足战术技术指标要求。

9. 出瞳距离

考核装备出瞳距离是否满足战术技术指标要求。

10. MRTD

考核装备常温条件下最小可分辨温差(Minimum Resolvable Temperature Difference,MRTD)是否满足战术技术指标要求。

11. 电源适应性试验

装备分别在不同供电电压下,考核电源适应性是否满足战术技术指标要求。

12. 功耗试验

装备分别在不同供电电压下,考核功耗是否满足战术技术指标要求。

13. 作用距离试验

装备分别在不同工作模式下,对不同静止/运动目标进行识别,考核作用距离是否满足战术技术指标要求。

14. 图像质量试验

装备在不同工作模式下,考核被试品的图像质量是否满足战术技术指标和使用要求。

15. 互联互通

考核装备互联互通是否满足战术技术指标和使用要求。

16. 数据传输能力

考核装备的数据传输方式、工作频段、传输误码率、数据传输成功率是否满足战术技术指标要求。

17. 布设撤收时间

考核装备的布设撤收时间是否满足战术技术指标和使用要求。

18. 目标识别概率

装备分别在不同工作模式下,对不同静止/运动目标进行识别,考核装备目标识别概率是否满足战术技术指标要求。

19. 连续工作时间

装备分别在不同温度下,考核连续工作时间是否满足战术技术指标要求。

20. 电磁兼容性

考核装备电磁兼容性是否满足战术技术指标和使用要求。

21. 环境适应性

考核装备分别在振动、冲击、低温贮存、低温工作、高温贮存、高温工作、淋雨、湿热、盐雾、砂尘、霉菌等环境条件下,是否满足战术技术指标和使用要求。

22. 高原适应性

在高海拔地区,考核装备性能是否满足战术技术指标和使用要求。

23. 可靠性

常以装备平均故障间隔时间表示,考核装备可靠性是否满足战术技术指标要求。

24. 维修性

常以装备平均故障修复时间表示,考核装备维修性是否满足战术技术指标要求。

25. 测试性

考核装备测试性是否满足战术技术指标要求。

26. 保障性

考核装备保障性是否满足战术技术指标要求。

27. 安全性

考核装备安全性是否满足战术技术指标和使用要求。

28. 运输性

考核装备运输性是否满足战术技术指标和使用要求。

29. 携行适应性

考核装备携行适应性是否满足战术技术指标和使用要求,考查装备携行轻便性和舒适性。

30. 互换性

考核装备部件间互换性是否满足战术技术指标要求。

31. 软件测评

考核装备软件部件、软件配置项和软件系统是否满足战术技术指标要求。

32. 复杂环境下装备考核

考核装备在复杂电磁环境、复杂自然环境、复杂气象环境、复杂地理环境和复杂综合环境等条件下的功能性能。

33. 边界极限条件下装备考核

考核装备在边界极限指标下功能性能是否满足使用要求。

第三章 装备试验鉴定质量问题处理

第一节 装备试验鉴定质量问题处理的基本概念

装备试验鉴定质量问题处理是指对装备发生的质量问题进行调查核实、分析查找原因、制定整改措施、验证处理效果等一系列的工作和活动,具有很强的严肃性、科学性、规范性。

一、装备试验鉴定质量问题的分级

装备质量问题处理中,按偏离规定要求的严重程度和发生损失的大小进行分类,一般将装备试验鉴定质量问题分为一般质量问题、严重质量问题和重大质量问题。

(一)一般质量问题

一般质量问题是指对装备的使用性能、作战效能和作战适用性有轻微影响或造成一般损失的情况。一般质量问题可以在短时间内于试验现场排除,即使不排除也不影响装备试验进程。通常,一般质量问题与装备的一般特性以及装备试验鉴定中的轻微缺陷相对应。

(二)严重质量问题

严重质量问题是指超出一般质量问题,导致或可能导致装备严重降低使用性能和作战效能,并造成严重影响的情况。严重质量问题将导致装备无法继续正常使用,需要及时进行报告和解决后才能继续进行试验。通常,严重质量问题与装备的重要特性和装备试验鉴定中的严重缺陷相对应,会造成装备使用的严重损失,影响较为重大。

(三)重大质量问题

重大质量问题是指超出严重质量问题,在装备使用、维修、运输、保管等过程中危及人身安全,或可能导致装备丧失主要功能或造成重大损失的情况。重大质量问题导致装备丧失规定能力、无法继续使用,必须及时报告和解决后才能继续进行试验。通常,重大质量问题与装备的关键特性和装备试验鉴定中的致命缺陷相对应,会造成人员伤亡、装备严重损坏、重大经济损失等质量事故。

同时,为提高装备试验鉴定问题处理的规范性和科学性,适应装备现代化管理需要,针对装备质量问题的全流程管控,明确报备、漏网、新增三种问题性质,以期实现装备试验鉴定高质量发展。

二、装备试验鉴定质量问题处理职责权限

在装备试验鉴定活动中,出现装备技术性能未达标、作战使用效能不满足、试验条件已不满足要求、短期内难以排除的故障以及重大安全隐患等装备质量问题,装备试验鉴定组织实施单位应暂停试验,及时梳理装备暴露的质量问题,提出中断/终止意见,上报定型管理部门。

试验中断后,由上级项目管理部门组织装备承研单位查明原因、采取措施,经验证存在问题已得到解决归零后,装备承研单位会同军代表机构向定型管理部门提出恢复试验申请,经批准后恢复试验。

试验终止后,装备承研单位组织技术攻关,证明问题确实得到解决后,会同军代表机构重新申请装备试验鉴定。

装备试验鉴定组织实施单位须跟踪掌握装备质量问题归零情况,整改归零措施导致装备技术状态发生变化的,定型管理部门应当组织技术评估,对前期已获取试验结果的有效性产生影响的,应当补充开展试验鉴定。

三、装备试验鉴定质量问题处理方式

装备试验鉴定质量问题处理既要解决存在的问题故障,又要防止同类问题的重复发生,还要确保装备质量不因问题处置而受到其他影响。

对于装备试验鉴定质量问题处理,通常有以下 4 种处理方式。

(一)试验暂停

装备试验过程中出现技术故障、安全隐患的,应及时暂停试验,查明原因并排除技术故障、安全隐患后方可继续实施。

(二)试验中断

装备试验过程中出现以下情形之一的,应及时中断试验:

1)出现短期内难以排除的故障;

2)出现重大安全隐患;

3)试验条件已不满足要求;

4)已验证的关键战术技术指标不满足要求;

5)与重大活动、重要事件发生冲突;

6)出现其他不可抗拒情况。

(三)试验中断恢复

完成问题归零或满足试验条件的,由试验中断情形产生的责任单位向装备试验鉴定管理机构提出恢复或重新试验的申请。经批准后,由原试验单位继续实施试验。

(四)试验终止

装备试验过程中出现以下情形之一的,应终止试验:

1)已验证的主要战术技术性能指标不满足要求,增加试验样本也无法改变试验结果和结论;

2)发生装备研制单位无法解决的重大技术质量问题,导致试验主要目标无法实现;

3)研制项目被终止取消;

4)因其他原因经批准终止试验。

第二节　装备试验鉴定质量问题处理的原则

装备试验鉴定中,可能会出现各种各样的故障和问题,对于试验中出现的问题,应当始终坚持技术归零和管理归零的"双归零"原则,并形成归零总结报告和相关文件。装备试验鉴定工作的长期实践表明,"双归零"原则对于保证装备质量和试验质量具有极其重要的作用。

一、"双归零"的内涵

(一)技术归零

技术归零的五条要求是指从技术上按"定位准确、机理清楚、问题复现、措施有效、举一反三"的要求逐项落实,并形成技术归零报告。

"定位准确"是指根据装备试验鉴定质量问题的实际情况,能够找出问题发生的准确部位。

"机理清楚"是指通过理论分析与试验手段,从理论和实践上搞清楚装备试验鉴定质量问题发生的根本原因和机理。

"问题复现"是要在装备试验鉴定质量问题机理清楚的基础上,通过模拟试验、仿真试验或其他试验方法,在一定受控条件下,复现发生问题的现象,验证和说明问题定位的准确性和机理分析的正确性,表明找准了问题出现的根本原因。

"措施有效"是指在定位准确、机理清楚的基础上,针对发生的问题,研究采取针对性纠正措施,并通过试验验证存在的问题已得到解决,不再出现,以此证明所采取措施的有效性。

"举一反三"就是以点带面,由此及彼,将发生的问题反馈给相关单位、相关系统、相关型号和相关人员,认真查找装备研制生产中是否还存在类似的问题隐患需要进行排查纠正,并采取预防措施,从而防止同类事件的发生。技术归零流程如图 3.1 所示。

在装备试验鉴定质量问题归零的五条原则中,定位准确、机理清楚、问题复现的目的是保证已彻底查清楚故障问题出现的机理和条件,措施有效、举一反三是保证在装备系统中能彻底根除此类故障,保证不会再出现同类问题。

(二)管理归零

对于装备试验鉴定中出现的问题,进行管理归零的五条要求是指按"过程清楚、责任明确、措施落实、严肃处理、完善规章"的要求逐项落实,并形成管理归零报告。

"过程清楚"是指查明装备试验鉴定质量问题发生和发展的全过程,从中找出管理上的薄弱环节或漏洞。

"责任明确"是指在过程清楚的基础上,分清造成问题各环节和有关部门人员应承担的责任,并从主观和客观、直接和间接方面区分责任的主次与大小。

"措施落实"是指针对出现的管理问题,迅速制定并落实相应有效的具体纠正措施和预防措施,堵塞管理漏洞,确保不再发生类似问题。

"严肃处理"是指严肃对待出现的问题,从中吸取教训,对造成问题的责任单位和人员,根据情节和后果,予以批评教育和严肃处理,达到教育人员和改进管理工作的目的。

"完善规章"是指针对管理上的薄弱环节,建立和健全相关的规章制度,落实到相关岗位和管理工作的环节步骤上,用明确的规章制度来约束和规范管理行为,避免类似问题的再次发生。管理归零流程如图 3.2 所示。

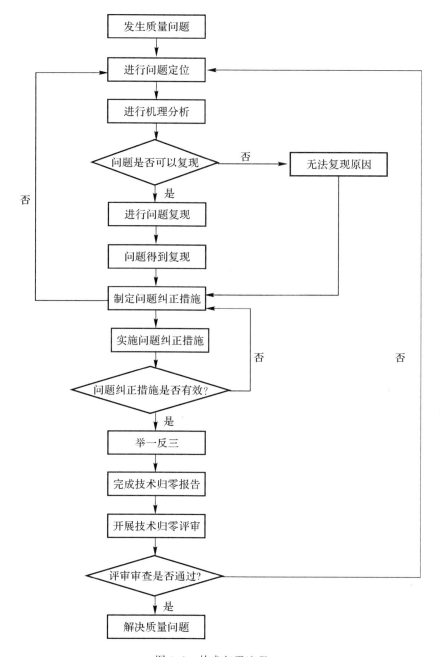

图 3.1 技术归零流程

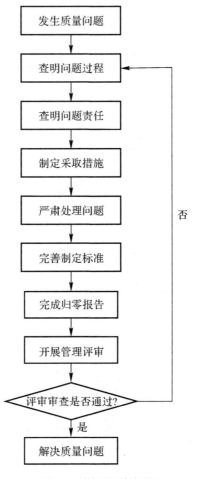

图 3.2　管理归零流程

二、"双归零"的基本要求

长期以来,通过贯彻落实"双归零"原则,使装备试验鉴定质量问题的处理得到了有效规范,大幅缩短了质量问题处理的周期,提升了装备试验鉴定工作效益。在开展"双归零"过程中,应重点把握以下要求。

(一)质量第一

装备试验鉴定质量问题处理有系统、健全的国家标准和相关规范要求,必须按照装备技术状态、战技指标要求、问题处置程序方法严格执行,把装备质量放在第一位,不得随意放宽标准。

(二)责任明确

要按照规定的权限履行职责,分级分类负责,既不能推卸责任,也不能擅自越权处理,建立归零工作负责制,坚决杜绝"都在管、都不管"的现象,做好责任划分,协调解决问题,避免责任主体落空现象。

(三)方法科学

归零工作要统筹运用理论分析、模拟仿真、实装验证等方法,控制质量问题出现的环境条件,立足于在原始受控条件下查明故障出现的真正原因,通过科学系统的方法实现装备质量问题归零。

(四)评审严格

归零工作必须通过评审审查,重点从归零方案的科学性和正确性、归零结果的有效性、归零工作的可追溯性等方面开展评审,审查归零工作过程和相关记录证明,确保归零工作得到全面落实和有效控制。

(五)记录完整

归零工作要落实质量管理体系要求,做好过程信息记录,从问题来源输入、处置方法过程、验证整改落实、归零结果输出等方面做到原始记录全面系统、完整规范、有效准确,从而满足对归零活动的有效控制和可验证、可追溯的要求。

(六)全程监督

装备试验鉴定组织实施单位要全程跟踪掌握归零工作整改落实情况,参与归零工作全过程,把监控质量问题对装备整体效能的影响和确保归零过程规范科学作为重点内容,全面细致论证分析,提前做好策划实施,为归零后试验鉴定任务实施提供依据。

三、贯彻落实"双归零"的对策

装备试验鉴定工作的主要任务是组织开展试验鉴定活动,摸清装备性能效能底数,发现装备问题缺陷,探索装备作战运用,牵引装备建设发展,严把装备列装关口,确保装备管用、实用、好用、耐用。在装备试验鉴定质量问题的处理中,必须着眼装备建设整体,立足于科学、全面、高效,不放过任何问题缺陷,彻底查清问题出现的原因,细致抓好改正、纠正措施,切实把"双归零"原则贯彻落实好,解决试验鉴定中的质量问题,确保装备试验鉴定质量效益。笔者认为应重点抓好以下几个方面的工作。

(一)严格组织管理

一项工作的落实必须建立严格的组织管理制度。要把"双归零"原则纳入装备试验鉴定组织管理流程中,将"双归零"原则固化为装备试验鉴定标准规范,形成程序规范、要素齐全、标准明确、要求严格的组织实施程序,主动引导装备试验鉴定组织实施人员加强对"双归零"原则的理解应用,从技术归零和管理归零两方面同向用力、融合推动,通过严格的组织管理确保"双归零"原则的有效落实。

(二)注重经验共享

装备试验鉴定组织实施单位长期从事相关装备试验鉴定工作任务,处理过大量的相关装备问题故障,积累了丰富的质量问题处理经验,要进行充分的总结梳理,积极主动为质量问题的分析处理提出建议,并充分发挥装备试验鉴定组织实施单位的优势,把装备试验鉴定质量问题处理的方法进行推广分享,为装备建设提速发展做出贡献。

(三)履行把关职能

装备试验鉴定质量问题处理的主体是装备承研单位,作为装备试验鉴定组织实施单位要参与归零全过程,从质量问题的处理、归零方案的确认、方法措施的验证、归零结果的评审等方面发挥好监督作用,还要针对发生的质量问题和原因机理,在制定后续试验方案时做重点关注和考核,切实把好装备试验鉴定关口。

(四)做到以点带面

对于装备试验鉴定质量问题表现为装备某一功能或某一指标达不到操作使用要求的,在质量问题分析处理过程中,发现许多质量问题不是孤立的,而是与其他功能、其他系统相互关联的。这就需要我们在处理质量问题时,不仅要找出问题现象的直接原因,还要运用系统分析的理念,找准根源,查清责任,对质量问题的影响和危害程度进行分析,防止重复发生,更要对质量问题在不同类装备上的启示和借鉴作用进行充分发挥,做到以点带面、系统全面、举一反三。

第三节　装备试验鉴定质量问题处理的步骤

装备试验鉴定质量问题处理必须严格执行有关规定的程序,以确保处理过程规范、处理方法科学、处理结果可信。通常,装备试验鉴定质量问题处理作为装备试验鉴定工作的关键环节,主要包括问题发现、问题识别、问题报告、问题通告、问题整改、整改验证等步骤,如图 3.3 所示。

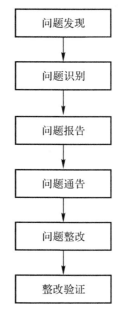

图 3.3　装备试验鉴定质量问题处理的步骤

一、问题发现

装备试验鉴定过程中,装备试验鉴定组织实施单位发现问题后,在保护好现场的基础上,如实记录问题发生的相关情况,如时间、地点、科目、环境条件、操作过程、问题现象、涉及人员等内容。必要时,对问题现象及过程进行录音、摄像和照相,并做好问题的文字、语音、图片、视频等资料的保存和管理。

装备试验鉴定组织实施单位应对发现问题的类别和等级进行初步判定,对是否继续实施装备试验进行决策。对不影响装备试验进程的一般质量问题,可现场处理并继续实施装备试验,待装备试验结束后,指定专人负责收集问题信息,并分类汇总问题信息。对影响装备试验进程的严重质量问题和重大质量问题,应暂停试验,分析判定问题危害或影响程度,并采取有效措施预防危害或影响扩大。

二、问题识别

试验鉴定组织实施单位根据质量问题发现后初步处置过程,进一步对质量问题进行分析识别,确认问题发生的原因和影响,识别问题的类别和等级等,提出问题处理的初步建议,做好问题反馈内容整理,主要包括问题名称、试验地点、发生时间、发生时机、环境条件、严重程度、问题描述、初步分析判定结论、处理建议、现场佐证材料等。

三、问题报告

对重大质量问题和严重质量问题,试验鉴定组织实施单位应及时向上级装备试验鉴定管理部门上报,汇报试验质量问题发生的相关过程和处理意见建议。

装备试验结束后,装备试验鉴定组织实施单位及时形成装备试验鉴定质量问题反馈报告,汇报装备试验鉴定概况、质量问题反馈情况、问题整改验证情况、遗留问题处理建议等,对质量问题挂表列账、销账整改情况进行汇总上报。

四、问题通告

上级装备试验鉴定管理部门收到问题报告后,组织相关单位和人员分析问题原因、影响和危害程度,提出处理意见并通告相关责任单位。

五、问题整改

质量问题责任单位应明确整改责任人,提出整改方案,通过评审后实施整改。整改完成后,质量问题责任单位将整改情况报装备试验鉴定管理部门。

六、整改验证

装备试验鉴定组织实施单位应对问题整改情况进行检查、测试和验证,确认问题已整改归零。如果已整改归零,对归零报告归档,因问题暂停试验的,向上级管理部门提出恢复试验申请。上级管理部门批准后,装备试验鉴定组织实施单位恢复试验,继续进行原试验进程。问题整改措施对前期试验结果有影响的,应重新进行相关试验。

装备试验鉴定质量问题处理结束后,装备试验鉴定组织实施单位应将处理质量问题的有关资料进行整理归档,按照装备试验档案管理相关规定做好保存。

第四章 光电装备试验鉴定质量问题案例

　　试验鉴定质量问题作为装备试验鉴定工作的重要关注点,历来是研制论证单位、军事代表机构、试验鉴定单位、鉴定主管单位、装备使用单位等共同重视的。装备出现的质量问题多少、问题产生原因、问题影响程度,以及问题发生的时机和场合,都直接影响装备试验鉴定工作的效益,严重的甚至决定着装备的研制成功与否。前事不忘后事之师,强化试验鉴定质量问题的分析研究,不仅可以提高装备试验鉴定效益,缩短装备研制建设周期,而且可以指导装备研制生产,支撑装备维护使用,推动装备建设领域科学发展。

　　从试验鉴定工作来看,试验鉴定质量问题有以下重要作用:

　　1)试验鉴定质量问题是评价装备质量的重要依据。装备试验鉴定工作是按照大纲考核要求,全面、充分系统考核武器装备性能的综合性活动。考核中暴露出的试验鉴定问题,反映了装备存在的问题缺陷,以及由此对装备正常使用带来的影响。可以说,试验鉴定问题直接反映了装备质量情况,影响对装备性能的综合评价,决定着装备是否实用、好用、耐用。

　　2)试验鉴定质量问题是指导装备试验考核的重要依据。装备试验鉴定不仅包括战术技术性能考核、通用质量特性试验等项目,还包括作战适用性、作战效能等项目,考核内容多,方法手段各异,评价要素不同。在考核项目设置中,既要系统全面,更要重点突出,因此,把握试验鉴定问题,细究剖析问题原因,对于科学设置考核项目、全面评价装备性能具有十分重要的作用。

　　3)试验鉴定质量问题是提升装备研制生产质量的重要保证。装备试验鉴定中暴露的问题,大多数是装备研制生产环节条件控制不严格、元器件质量不合格、使用维护不恰当等原因引起的。通过对试验鉴定问题的分析处理,追根溯源,从技术上、管理上实现归零处理,发挥试验鉴定问题的增值效益,举一反三,形成规范标准,彻底杜绝同类问题发生,可以有效提升装备研制生产质量效益。

　　4)试验鉴定质量问题是规范装备维护使用的重要支撑。试验鉴定问题因不同装备类别、不同结构组成、不同使用环境而千差万别,呈现形式结果各异,但从试验鉴定问题的发生机理和应对处置上又存在千丝万缕的联系,做好试验鉴定问题的汇集分析,积累实践资源,探究规律措施,对装备易发故障判断、维护保养措施规范、故障问题分析处置等具有十分重要的意义。

本章结合光电装备特点和试验鉴定规律,主要从设计开发、生产控制、环境适应、系统软件、器件质量、维护使用等六个方面,列举了光电装备试验鉴定工作中发生的质量问题案例,通过抽丝剥茧,探根寻源,使大家了解试验鉴定质量问题的处理流程和经验启示。

第一节　光电装备设计开发问题案例

一、案例 1:某型北斗天线底座松动质量问题

【问题描述】

某型侦察车试验鉴定中,在可靠性行驶试验时,出现北斗天线底座固定螺丝脱落、底座出现松动的质量问题。

【问题识别】

该型装备可靠性行驶试验中,在全系统功能状态检查正常后,进行高速路、山区路、越野路、颠簸路等路面的可靠性行驶试验。装备行驶试验过程中和结束后,检查全系统功能状态是否正常。

经分析,可靠性行驶试验前,北斗天线底座固定螺丝齐全,固定状态牢固,试验后北斗天线底座缺少 4 个固定螺丝,底座出现松动。初步怀疑因行驶试验导致螺丝松动掉落引起该质量问题。

经检查,北斗天线底座采用沉头螺丝进行固定,沉头螺丝头部与天线底座接触面较小。判断质量问题可能由沉头螺丝与天线底座摩擦力不足引起。

【问题原因】

沉头螺丝头部与天线底座接触面小,摩擦力不足,且沉头螺丝在使用中直接进行安装紧固,无有效预防螺丝松动的结构部件,如弹片、平片等配件,导致长期振动条件下螺丝逐渐松动脱落,造成北斗天线底座松动、晃动。

【问题整改】

更改北斗天线底座固定设计,采用盘头螺丝配合弹片、平片固定天线底座,

同时增加点胶处理工艺流程,防止再次出现螺丝松动、脱落问题。后续运输试验中,北斗天线底座未出现螺丝脱落、底座松动问题。

　　螺丝是装备紧固的重要器件,沉头螺丝头部是一个90°的锥体,安装后钉头可以沉到物体表面下,保持表面平整,一般需在安装孔的表面加工90°的锥形圆窝。当沉头螺丝被拧紧时,螺钉头部并不是锥面压紧物体,而是螺钉头根底部与螺纹孔的顶部挤死,虽然感到螺钉已拧紧,但部件实际是被卡住而不是被压住,导致部件固定不可靠、易松动。盘头螺丝的头部是盘头形状,与物体的接触面是平的,一般与弹簧垫片、平垫片配合使用,钉头表面可以露在外面也可以沉在孔里,盘头螺丝受力比沉头螺丝大。沉头螺丝与盘头螺丝如图4.1所示。

图 4.1　沉头螺丝与盘头螺丝

【同类问题】

　　某型侦察车可靠性行驶试验中,发现跟瞄转台左侧定位销脱落。经检查,跟瞄转台俯仰轴体对定位销有反复的冲击作用,锁紧螺母未设计固定用防滑垫,长时间反复作用后,导致螺母出现松动,定位销脱落。

【问题启示】

　　装备系统使用环境复杂,在进行系统设计时,必须充分考虑螺丝紧固、系统锁紧等装备长期可靠使用因素,避免因设计不全、考虑不周而影响装备正常操作使用。

二、案例2:某型导航设备用户机死机质量问题

【问题描述】

　　某型侦察车试验鉴定中,在导航设备电磁兼容性试验时,出现用户机死机、键盘无效的质量问题。

【问题识别】

该型装备导航设备电磁兼容性试验中,在开展静电冲击试验时,采取对武器系统模拟施加静电的方式进行,以检验装备抗静电冲击毁坏的能力。

经分析,导航设备用户机在静电冲击前功能检查时,开机工作正常、键盘操作有效。在施加 25 kV 静电冲击后,进行用户机功能检查,导航用户机开机死机、键盘操作无效。根据故障树分析,静电冲击下的用户机开机死机、键盘操作无效主要由用户机元器件损坏、线路连接故障、供电系统故障引起。

经检查,导航用户机供电电路输出电压正常,拆机后,发现导航用户机(Advanced RISC Machines,ARM)板有击坏现象。判断质量问题可能由 25 kV 静电冲击下导航用户机 ARM 板损坏引起,进一步故障定位至导航用户机的静电防护不到位。查看导航用户机设计开发资料,未发现对静电冲击防护有专门的设计内容,检查拆机后的系统组成部件,未见有效的静电防护措施。

【问题原因】

导航用户机外壳与电路板之间无有效的绝缘隔离,导致静电冲击时产生较大电路冲击,击坏 ARM 板,出现导航用户机操作无反应。

静电是一种处于静止状态的电荷。流动的电荷则会形成电流。可通过摩擦引起电荷的重新分布形成,也可能由于电荷的相互吸引引起电荷的重新分布而形成。静电放电和静电引力会对航空航天、印刷、微电子等工业产生危害,静电危害严重的可引起可燃物的起火和爆炸。防静电的措施一般都是降低流速和流量,改造起电强烈的工艺环节,采用起电较少的设备材料等,并通过接地、隔离、中和等方式预防静电危害。电子装备的静电防护是设计开发过程中必不可少的重要环节,要从实际出发,采取有效措施,避免造成重大损失。

【问题整改】

1)完善导航用户机设计开发内容,增加静电防护措施。

2)选取合适的绝缘材料,在导航用户机外壳和电路板之间加装绝缘层,重新进行静电冲击试验,系统工作正常。

【同类问题】

某型火力系统静电冲击试验时,在施加 25 kV 静电冲击后,炮长终端机出现屏幕显示时钟不计时,无法进行数据收发,但通话功能和电源管理功能正常的质量问题。经检查,炮长终端机地线与耳机话筒组地线存在直接关联,导致耳机话筒组地线被静电荷感应后,引起主板信号地的电位发生变化,造成主板死机。

【问题启示】

静电感觉微不足道,实则威力巨大,对武器装备特别是电子信息装备造成的影响十分严重,往往会引起装备瘫痪、弹药爆炸等严重后果。因此,在装备设计中,要充分考虑静电防护要求,落实静电防护措施。

三、案例 3:某型红外告警设备无显示图像质量问题

【问题描述】

某型侦察车试验鉴定中,在低温工作试验时,出现红外告警设备无显示图像的质量问题。

【问题识别】

该型装备低温工作试验时,将装备整体置入低温试验箱,在低温工作试验前,装备上电开机,进行系统功能检查,确保装备工作状态正常后关机,将低温试验箱温度降至装备低温工作温度,在装备保低温保透并开机检查工作状态正常后,在低温下持续工作,并适时检查工作状态,直至达到低温工作时长,低温工作试验结束。

经分析,低温工作试验开始前,装备上电开机,系统功能检查未出现问题,红外告警设备工作正常,图像显示无异常。低温工作试验过程中,装备功能检查时,红外告警设备工作异常,无法正常显示图像,但检查显示器供电工作状态正常,恢复常温后,红外告警图像显示正常。根据故障树分析,低温条件下,红外告警设备无显示图像主要由供电系统故障、告警终端故障、图像线路故障引起。

经检查,供电系统电压正常,告警终端状态正常,打开红外告警设备控制机箱,测试波分复用器输入、输出的光功率,发现到达接收光模块的光功率低于光模块的接收灵敏度,定位波分复用器异常。波分复用器故障树如图 4.2 所示。

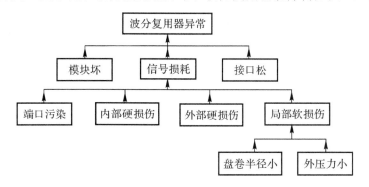

图 4.2　波分复用器故障树

建立波分复用器故障树,进一步检查波分复用器模块,其中:模块坏应表现为无数据输出,与问题出现的数据不稳定相冲突;检查系统接口,确认接口无松动、脱落现象;检查引起信号损耗的原因,端口污染、内部硬损伤、外部硬损伤会导致信号损耗,但损耗不可恢复,与低温恢复常温后设备正常相冲突;最终经排查,故障定位到局部软损伤。通过外接测试线路及光功率计进行损耗检测,低温损耗值异常。

【问题原因】

红外告警设备控制机箱内空间小,波分复用器光纤长盘圆半径小,且捆扎不合理,捆扎点在低温收缩压力下局部弯曲半径过小,破坏光纤全反射条件,导致传输光损耗过大,到达接收光模块的光功率低于光模块的接收灵敏度,出现图像无法正常显示问题。

光在光纤中传播主要是依据全反射原理。光线垂直光纤端面射入,并与光纤轴心线重合时,光线沿轴心向前传播。弯曲度过大,光纤全反射的条件被破坏,就会造成部分光无法正常通过,导致光功率下降,产生明显的传输损耗。一般情况下,为便于使用,光纤盘成圆环状捆扎在一起,但是圆的直径不能过小,避免弯曲度过大使光信号无法折射到传输对端,造成传输失败。光纤传输如图4.3所示。

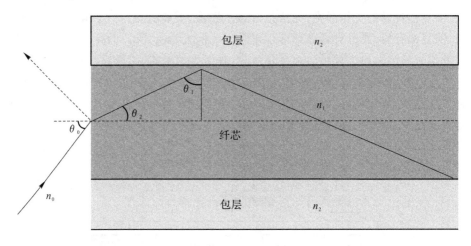

图 4.3 光纤传输

为验证故障,对一根同类的光纤芯弯折后发生漏光的情况进行测试。可见,随着光纤弯折直径的减小,光纤传输损耗逐渐增大,当弯折直径过小时,传输损耗增大,输出端功率损失增大,会对光纤通信情况产生明显影响。弯曲直径为

100 mm、50 mm、30 mm、20 mm 的光纤如图 4.4～图 4.7 所示。

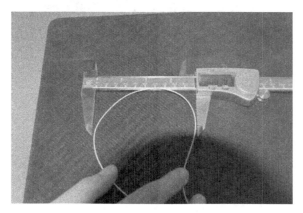

图 4.4　弯曲直径为 100 mm 的光纤

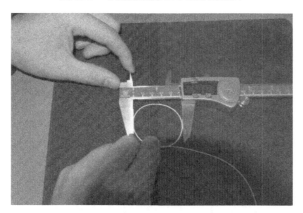

图 4.5　弯曲直径为 50 mm 的光纤

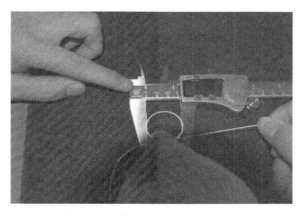

图 4.6　弯曲直径为 30 mm 的光纤

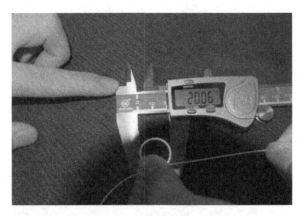

图 4.7　弯曲直径为 20 mm 的光纤

【问题整改】

1)按照光纤传输机理,重新进行红外告警设备机箱内部空间改造设计。

2)更改波分复用器光纤固定方式,增大盘线半径。重新进行低温工作试验,未出现红外告警设备图像无法显示的质量问题。

【同类问题】

某型侦察车高温工作试验中,系统开机自检出现通信故障,无信息回传。经检查,发现系统光缆有一处明显弯曲,造成信号传输损耗较大,无法实现正常通信。

【问题启示】

装备内部装配设计不仅要充分考虑元器件的工作特性,更要把装备面临的环境条件予以全面考虑,充分把控极限边界,科学设置系统冗余度,确保装备满足指标要求。

四、案例 4:某型侦察车线路干涉质量问题

【问题描述】

某型侦察车试验鉴定中,在可靠性行驶试验时,出现红外告警机箱线束与防尘网干涉的质量问题。

【问题识别】

该型装备可靠性行驶试验中,在全系统功能状态检查正常后,进行高速路、山区路、越野路、颠簸路等路面的可靠性行驶试验。装备行驶试验过程中和结束

后,检查全系统功能状态是否正常。

经分析,行驶试验前,全系统功能状态检查中,红外告警机箱线束与防尘网间互不接触,不存在干涉现象。行驶试验中,发现红外告警机箱线束与防尘网接触,出现互相干涉现象。初步怀疑红外告警机箱线束捆扎不牢固,出现线路位移,从而引起该质量问题。

经检查,红外告警机箱线束捆扎点 3 个,位置较为随意,与车体固定不稳定,容易出现松动现象。判断质量问题可能由机箱线束捆扎固定不科学引起。

【问题原因】

红外告警机箱线束捆扎固定不牢靠,没有严格的标准规范,未结合红外告警机箱箱体与车体空间进行全面综合考虑,导致车辆运动过程中线束出现松动位移,与防尘网产生互相干涉摩擦。

【问题整改】

1)充分考虑红外告警机箱线束固定需求,合理设计线束固定方式、固定点,选择变形量较小的固定材料。

2)综合箱体与车体空间,充分考虑车辆行驶产生的振动环境,合理控制走线半径,使红外告警机箱线束与防尘网之间预留 150 mm 以上的空隙。重新进行可靠性行驶试验,未出现干涉问题。

【同类问题】

某型侦察车可靠性行驶试验中,发现两侧各一扇舱门门锁与线槽干涉。经检查,舱内线槽与舱内锁芯间隙偏小,叠加上线槽安装误差,导致线槽局部与舱门锁有摩擦。

某型侦察车可靠性行驶试验中,发现驾驶室左后门内饰板与线束干涉。经检查,线束绑扎过程中扎带未扎紧且走线路径太集中,线束太粗,导致线缆在可靠性行驶过程中与左后门内饰板发生干涉。

某型侦察车可靠性行驶试验中,发现左中、右中轮胎与上方线束干涉。经检查,线束的波纹管保护套走线路径离轮胎过近,且线束未绑扎紧,导致轮胎与线束发生干涉。

某型武器系统周视观瞄仪功能检查中,发现周视观瞄仪显示的目标方位角和俯仰角不随动十字中心的变化而变化。经检查,周视观瞄仪头部连接电缆与周视观瞄仪外壳互相干涉,在桅杆升降过程中产生摩擦,造成电缆连接处受力松动,连接电缆插座的定位销已弯曲变形,导致周视观瞄仪工作状态异常。

某型定位定向系统振动试验中,寻北仪寻北结果与实际方向不符。转动寻北仪在多个不同的方向上寻北,结果总是保持在 4 000 mil(密耳,1 mil＝0.002 54 cm)左右,不随寻北仪的实际方向变化而变化。经检查,寻北仪陀螺光源器件内部的光纤捆扎固定不牢,与激光器散热底座棱角有干涉,在振动时反复摩擦散热底座棱角,造成光纤断裂。光纤断裂的陀螺不能正常采集和输出有效的地球自转信息数据,系统接收到的只是陀螺的噪声信号,并据此进行北向计算,导致寻北结果总是保持在约 4 000 mil。

某型武器系统湿热试验中,发射车的天线倒伏装置控制盒降到位指示灯出现闪烁后熄灭现象,但控制盒可正常控制天线升起和下降。经检查,控制盒降到位指示灯的 4 芯连接线中的 3 号线缆被电机驱动芯片的散热器挤压,导致线芯变形后接触不良,致使指示灯闪烁和熄灭。

【问题启示】

线路捆扎不牢固、空间利用不合理、部件间相互干涉等问题,影响装备操作使用,严重的直接导致装备损坏,作为装备内部设计控制要求,必须从整体上进行科学设计,形成规范要求,做好工艺设计控制。

五、案例 5:某型监控终端电场辐射超差质量问题

【问题描述】

某型传感系统试验鉴定中,电场辐射发射试验时,手持监控终端在 680 MHz、800 MHz、1 020 MHz 等多个频点出现超差的质量问题。

【问题识别】

该型装备电场辐射发射试验时,按照工作流程,手持监控终端开机工作,通过测试设备依次测试各频点下电场辐射发射信号。

经分析,手持监控终端开机工作状态下,在 680 MHz、800 MHz、1 020 MHz 等多个频点出现超差。根据故障树分析,手持监控终端电场辐射超标主要由系统外壳防护屏蔽不到位、接口信号泄露、触摸屏电磁屏蔽差引起。

经检查,用频谱仪对手持监控终端进行整体测试,发现手持终端触摸屏电磁辐射明显增大,查看生产设计文件对手持监控终端各接口电磁屏蔽措施有明确要求,并在生产环节进行了严格的检查测试,但终端触摸屏作为电磁辐射重要设备,未采取明确有效的电磁屏蔽措施,拆机发现终端触摸屏没有相应的电磁辐射防护措施,判断质量问题可能由触摸屏电磁屏蔽措施不到位引起。

【问题原因】

未对装备进行全面系统设计开发,终端触摸屏作为外购部件,标准把关不严

格,导致手持监控终端触摸屏电磁屏蔽效果不佳,辐射泄露能量大,不能满足试验测试要求。

【问题整改】

充分考虑手持监控终端触摸屏防电磁辐射设计,在手持监控终端触摸屏外贴一层金属网格薄膜,并将触摸屏与机壳之间的接触橡胶圈由普通橡胶圈更换为导电橡胶圈。重新进行电场辐射发射试验,满足指标要求。普通橡胶圈更换为导电橡胶圈如图 4.8 所示。

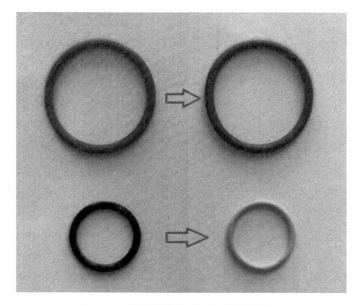

图 4.8　普通橡胶圈更换为导电橡胶圈

电磁屏蔽是以某种材料(导电体或导磁体)制成的屏蔽壳体,将需要屏蔽的区域封闭起来,形成电磁隔离,使得内外电磁受到极大的衰减。

【同类问题】

某型侦察车电磁兼容性试验中,机电测角仪电源线出现超差质量问题。经检查,电源线屏蔽层的屏蔽效果不理想,导致辐射泄露能量大,电源线传导发射超差。

某型传感侦察系统电场辐射发射试验中,基站传输设备在 680 MHz 频点出现超差。经检查,基站传输设备开关结构部分采用塑料材质,开关内部未设计金属垫圈,导致基站传输设备开关无屏蔽,电场辐射发射试验出现超差。

某型手持侦察干扰终端作用距离试验中,系统加电工作时,出现跳侦察、报通信故障、发射开关不可控等情况。经检查,手持侦察终端连接线缆安装插座使用普通橡胶圈,线缆屏蔽层不能和机箱外壳有效连接,导致外界干扰信号通过手持控制终端线缆传输,影响系统正常工作状态。

【问题启示】

电磁屏蔽效果是信息化装备关注的重点。装备具备良好的电磁屏蔽效果,不仅可以保证装备在复杂电磁环境下能正常工作,而且也为装备融入体系发挥效能奠定了基础。因此,电磁屏蔽措施必须作为信息化装备设计开发的重点,选取满足屏蔽要求的配件部件,保证装备工作正常。

六、案例 6:某型装置电池盒淋雨渗水质量问题

【问题描述】

某型制导武器系统试验鉴定中,在淋雨试验时,出现观瞄制导装置电池盒里有少量渗水的质量问题。

【问题识别】

该型装备淋雨试验时,将装备置入淋雨试验箱,在淋雨试验前进行装备功能状态检查,确保装备工作状态正常后开始淋雨试验,淋雨试验结束后,再次进行装备功能状态检查。

经分析,淋雨试验前,系统工作状态正常,观瞄制导装置电池盒无渗水现象。淋雨试验后,发现观瞄制导装置电池盒有少量渗水。

观瞄制导装置电池盒门由电池盒门盖、密封胶条、搭扣及箱体组成。由电池盒门结构组成可知,密封胶条和搭扣是电池盒门密封的关键件,必须做到密封胶条对接口黏结可靠、搭扣拉力充足,才可实现电池盒门的密封。打开电池盒门发现:

1)电池盒门密封用的密封胶条对接口出现脱胶,胶条对接头分离。

2)用于锁紧的搭扣拉力稍有欠缺,加之密封胶条硬度略大,在锁紧搭扣后密封胶条局部压紧力不够。

判断质量问题可能由密封胶条和锁紧搭扣引起。

【问题原因】

密封胶条硬度略大,电池盒门密封用的密封胶条对接口脱胶、胶条对接头分离,用于锁紧的搭扣拉力稍有欠缺,在锁紧搭扣后密封胶条局部压紧力不够。

【问题整改】

更改观瞄制导装置密封设计,选取硬度适中的密封胶材料,采用密封胶圈替

代密封胶条,更换锁紧搭扣,提高电池盒门的锁紧力,增加对密封胶圈的压缩量,增强密封性。重新开展淋雨试验,观瞄制导装置电池盒未出现渗水问题。

电池盒密封胶条截面如图 4.9 所示,电池盒密封胶圈如图 4.10 所示。

图 4.9 电池盒密封胶条截面

图 4.10 电池盒密封胶圈

【问题启示】

装备密封的方式繁多,材料各异,且由于密封的部位功能不同,导致有些密封部位属长期密封不再拆动,有些密封部位因装备故障需不定时拆动,有些密封部位因维护保养需要经常拆动,不同的需求必须采用不同的密封方式,但必须保证密封材料满足无接口、无渗漏、薄厚适中、经久耐用等要求。

七、案例 7:某型寻北仪无法固定质量问题

【问题描述】

某型定位定向系统试验鉴定中,在功能检查时,出现三脚架锁紧螺钉锁紧至

极限位置后,主机支撑座与锁紧螺钉之间依然有明显的间隙,主机无法紧固的质量问题。

【问题识别】

该型装备功能检查时,按照工作流程,对装备进行架设操作,确保装备功能满足指标要求。

经分析,在装备架设过程中,三脚架锁紧螺钉锁紧至极限位置后,主机支撑座与锁紧螺钉之间依然有明显的间隙,主机无法有效紧固。初步怀疑因三脚架锁紧螺钉固定不到位导致该质量问题。

经检查,三脚架锁紧螺钉长度仅为 53 mm,主机支撑座部分与锁紧螺钉不能有效结合固定。判断质量问题可能由锁紧螺钉长度不够引起。

【问题原因】

研制单位的新装备与原装备相比,外形尺寸发生了变化,主机支撑座部分的直径变得更小,使用原长度的锁紧螺钉不能进行有效紧固。

【问题整改】

更改锁紧螺钉设计,将锁紧螺钉长度由 53 mm 增加至 75 mm。重新开展功能检查,主机与三脚架固定稳固。三脚架锁紧螺钉如图 4.11 所示。

图 4.11　三脚架锁紧螺钉

【同类问题】

某型无人系统侦察试验中,出现前视红外仪识别距离不满足指标的质量问题。经检查,设计上调焦步长较大,也未考虑调焦时无人系统链路产生的延时,导致过调焦,图像无法清晰显示。

　　某型无人系统飞行试验中,进行变焦操作时,在不同场景下,均出现变焦结束后图像模糊现象,重复变焦操作调整后,能够恢复至清晰状态的质量问题。经检查,光电载荷软件在自动调焦模式下,对运动图像的最佳成像状态判断不准确,导致调焦不准确。

【问题启示】

　　装备软硬件设计都要充分考虑装备实际使用要求,特别是针对装备型号改进类任务,往往是把前型装备的软硬件进行拓展升级改造,在此过程中,如果不全面系统分析改型装备的原理构造,极易在设计中出现不该有的质量问题。

八、案例 8:某型火控系统显示异常质量问题

【问题描述】

　　某型火炮系统试验鉴定中,在进行功能检查时,出现火控系统中的诸元解算装置方位角显示值不随火炮转动而变化的质量问题。

【问题识别】

　　该型装备功能检查时,按照工作流程,对装备进行架设操作,逐一检查系统功能状态,确保装备功能满足指标要求。

　　经分析,火炮系统转动过程中,火控系统中的诸元解算装置方位角显示值保持不变,而高低角随火炮转动而变化。根据故障树分析,功能检查中诸元解算装置方位角显示值不随火炮转动而变化主要由火控软件故障、连接线路不通、方位传感器损坏引起。

　　1. 火控软件故障

　　进入软件编译模式,查看软件程序文件,输入、输出程序正常,且火控系统中诸元解算装置高低角显示值可以随系统正常变化。

　　2. 连接线路不通

　　测试电路电流,供电电路正常,解算过程中,高低角传感器输出电压正常,无法获取方位角传感器输出电压。

　　3. 方位传感器损坏

　　拆解发现,方位传感器外观出现明显断裂损坏。

　　判断质量问题可能由方位角传感器损坏引起。

【问题原因】

装备设计缺陷导致产品防护不足,在使用过程中,异物掉入引起齿轮卡滞,导致方位角传感器输入轴瞬间受到极大的应力而断裂。

【问题整改】

设计方位角传感器防护装置,防止异物掉入引起质量问题。

【同类问题】

某型火炮跌落试验时,出现天线座断裂的质量问题。经检查,天线座和外接天线转接头在包装箱内未预留有相应的凹槽,造成指挥终端在落地的瞬间产生的冲击能量对外接转接头产生很大的剪切力,传导到天线座的根部,同时天线座根部位受力最大的部位,又为结构最为薄弱的区域,造成天线座的根部断裂。

某型无人系统运输试验中,出现机载侦察平台升降机构升降板下滑,设备自由下落至飞机运输托盘的质量问题。经检查,升降机构无锁定机构,在强振动情况下升降机构自锁失效。

【问题启示】

防护装置从装备设计和工作原理来说,看似对装备功能性能无影响,但从实际使用角度来说,缺少防护装置对装备产生的效果可能是致命的,会造成装备能力丧失或安全事故,必须引起装备研制方的高度重视。

第二节　光电装备生产控制问题案例

一、案例 1:某型微光观察镜充电器质量问题

【问题描述】

某型微光观察镜试验鉴定中,在电池连续工作时间试验时,出现了三节供电电池连续工作时间测试结果差异较大的质量问题。

【问题识别】

该型装备连续工作时间试验,分别使用三节电池进行装备供电,保持装备正常开机工作,按要求进行操作使用,直至电量耗尽自动关机,分别记录每节电池的连续工作时间。

经分析,分别使用三节电池进行装备供电时,装备工作状态正常,工作条件

一致,直至电量耗尽未发生任何问题。初步怀疑因电池电量不足引起该质量问题。

经检查,三节电池均为经检验合格的产品,状态参数一致,在试验开始前,均按照装备使用说明书要求,采用装备配备的充电器进行充电,并待充电器指示灯由充电状态下红色变为充满电状态下绿色后卸下电池开展试验测试。检查充电器发现,充电器卡装电池负极的弹簧与负极底座采用卡槽连接,且弹簧弹力不足,判断产生此质量问题可能由于电池负极接触不牢固,造成充电不完全,充电指示灯状态显示异常。

【问题原因】

装备配备的充电器生产工艺控制不严格,未对卡装电池的弹簧和底座进行有效充分连接,且选取弹簧的弹力不够。

【问题整改】

1)更换充电器负极弹簧、焊接弹簧与负极底座后,按照装备使用说明书要求进行电池充电,重新开展电池连续工作时间测试,三节电池连续工作时间测试结果基本一致,满足指标要求。

2)对装备充电器生产改进提出建议,避免发生接触不良的现象。

3)改进试验环节,对于考核连续工作时间的项目,在设备充电器充电完成后,使用电量测试设备进行电池电量核检,确保电池状态稳定可靠。

充电器如图4.12所示 。

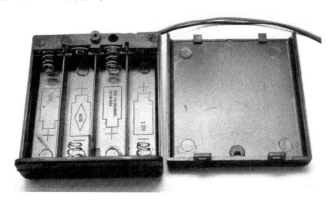

图 4.12 充电器

【同类问题】

某型微光望远镜试验鉴定中,使用配备的充电器为电池充电时,充电器充电指示灯一直显示为充电状态,无法完全充满电。经检查,充电器负极弹簧与电池负极接触不良,造成充电状态异常。

某型火炮武器系统射击试验中,出现瞄准装置电子部分异常关机的质量问题。经检查,瞄准装置电池仓弹簧弹力不够,弹簧与电池不能可靠接触,导致射击冲击影响下瞄准装置电子部分异常关机。

【问题启示】

装备配套的产品作为装备系统的一部分,看似不重要,实则可能影响系统整体效能发挥,作为装备承研单位要严格标准要求,一丝不苟做好装备全系统研制生产任务,作为装备试验鉴定组织实施单位要全面系统考核,不放过任何质量问题。

二、案例 2:某型火炮激光测距异常质量问题

【问题描述】

某型火炮试验鉴定中,在激光测距性能试前功能检查时,出现按下激光测距发射按钮后,无法获取激光测距数据的质量问题。

【问题识别】

该型装备激光测距性能试验前,按照装备操作使用流程,对装备功能进行全面检查,确保装备功能正常后,开展后续试验任务。

经分析,该型装备激光测距性能试验前,开展过功能检查和相关试验科目,激光测距性能均正常,在本次任务前出现无法获取测距数据的质量问题。结合故障树分析,使用测试工装连接直瞄镜,仍无法获取测试数据,采取替换法将操纵台更换至同型号装备后,发现直瞄镜激光测距显示正常,可以排除任务终端故障。

将检测笔记本电脑连接到系统的通信接口进行自检,直流稳压电源显示待机电流偏大,同时自检结果显示通信自检结果异常。因此,可确定直瞄镜内激光测距仪部分发生故障。分析判断该故障可能原因:

1)激光测距仪内部通信线缆故障,导致通信线路不导通。

2)激光测距仪接插件故障,导致通信线路不导通。

3)激光测距仪计数板通信部分故障,导致与任务终端之间的通信数据不能正常收发。

拆机检查,查找具体故障原因。打开激光测距仪对应计数板处的上盖板,检测串口芯片,通信连接正常,排除内部线缆及接插件故障。用计数板备板更换原计数板,直流稳压电源显示待机电流正常,自检正常,发射激光指令正常,确定原计数板发生问题故障。通过对故障计数板上电,利用单片机仿真器排除计数板

控制电路故障,测试单片机各管脚电压,发现外部按键发射激光的控制管脚电平异常。故障计数板管脚焊接缺陷如图 4.13 所示。

图 4.13　故障计数板管脚焊接缺陷

【问题原因】

计数板两管脚存在焊接短路,导致计数板在执行控制电路程序时进入死循环,计数板与任务终端之间的通信数据不能正常收发,出现系统测距时无测距数据输出的故障现象。

【问题整改】

更换计数板备板,检查备板每个管脚,确保无虚焊、焊接等问题。重新开展激光测距试验,测距工作正常。

【同类问题】

某型侦察系统功能检查中,出现显示控制器无法控制回转台的质量问题。经检查,显示控制器处理板上 RS485 通信回路中部分焊点接触不良,导致控制回路失效,无法控制转台工作。

某型寻北仪可靠性试验中,在室外自然温度下,寻北仪上电后前两次寻北正常,第三次寻北出现"阻尼故障"故障码。经检查,寻北仪主控板 6 芯接插件 1 脚电缆与接触件之间虚焊,导致阻尼回路断路,无法在规定时间内完成阻尼动作。

某型红外告警设备系统功能考核中,红外告警设备首次上电,进行俯仰基线调节时,转台俯仰轴不受控制,表现为处于俯仰最低状态或最高状态,设备重新上电后,恢复正常。经检查,伺服控制板上 R9 焊点不圆润,存在虚焊情况,导致反馈信号传输不稳定,无法形成闭环控制。

某型周视观瞄仪目标跟踪能力试验中,出现热像仪异常,显示杂乱信号,无图像,其他功能正常的质量问题。经检查,热像仪内部的图像处理电路板有一处飞线存在虚焊现象,导致图像处理电路板短路,热像仪工作状态异常。

某型制导武器系统射击合练中,出现周视观瞄仪转塔驱动失效,桅杆升降、视场转换等其他功能正常,重新加电启动 3 次,2 次启动后恢复,1 次启动后无法恢复的质量问题。经检查,串口通信控制芯片数据输出管脚虚焊,导致周视观瞄仪转塔驱动失效。

某型侦察车系统展开撤收考核中,激光诱偏干扰设备上电后报观瞄转台自检超时,重新上电后恢复正常。经检查,观瞄转台伺服控制板磁珠 L4 焊接质量差,存在虚焊的现象,导致供电不正常,现场可编程门阵列(Field Programmable Gate Array,FPGA)内程序无法运行,上位机自检结果超时。

某型侦察车干扰效果试验测试中,激光器出光过程中报"电压低压"故障,激光自动停光,停光约 10 s 后,故障消失,恢复正常。经检查,激光头控制板电感引脚虚焊,出光过程中虚焊处严重发热,导致电感性能下降,电阻变大,导致电感处压降变大,提供给射频电路的电压变低,引发电压低压报警,导致激光器自动停光。

某型火炮激光直瞄镜可靠性试验中,进行连续激光测距时,出现正常测距多次后不出激光的质量问题。经检查,电源电路板的放电耦合电容引脚虚焊导致电路阻抗增加,触发信号幅度降低,当触发信号幅度降至临界值以下,激光器不能正常发射激光。

【问题启示】

光电装备焊接质量问题发生较多,但问题的表现各不相同,查找问题难度较大,不同程度上影响了装备试验鉴定周期,迟滞了装备研发列装进度,特别是这些问题的出现具有极大的偶然性,需要装备承研单位高度重视,加强质量管控。

三、案例 3:某型寻北仪转位故障质量问题

【问题描述】

某型定位定向系统试验中,进行寻北仪低温循环可靠性试验,在 −43 ℃ 工作条件下,寻北 8 次后,进行第 9 次寻北时,出现开机 30 s 后报转位故障,不能寻北的质量问题。

【问题识别】

该型装备低温循环可靠性试验,将装备置入低温试验箱,在低温试验前进行装备功能检查,确保装备工作状态正常后开始低温循环试验,低温循环试验过程中,进行装备功能检查,检查装备工作状态。

经分析,低温循环试验开始前,寻北仪工作状态正常,试验开始后,寻北仪在−43 ℃工作条件下,寻北 8 次均正常,第 9 次进行寻北时报转位故障,不能寻北,重新启动后,依然不能正常寻北。

检查供电电源供电情况,观察到寻北仪上电后,工作电流由 0.43 A 增大至 0.53 A,约 1 s 后返回到 0.43 A,约 10 s 后再次增大至 0.53 A,又约 1 s 后再返回 0.43 A。反复 3 次。工作电流从 0.43 A 变成 0.53 A 并持续约 1 s,表明系统限位机构执行了"弹出"动作。而后电流没有上升,反而变回 0.43 A 并持续约 10 s,表明在限位机构弹出后,转位电机没有正常启动执行"转位"动作。这种电流变化共发生 3 次,是寻北仪按照程序设计进行的 3 次自检。如果 3 次自检都不成功,寻北仪自动报故障。寻北仪故障树如图 4.14 所示。

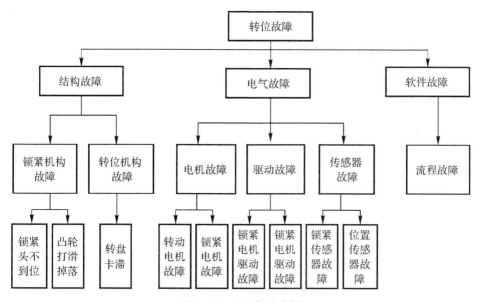

图 4.14 寻北仪故障树

根据故障现象,结合故障树可以得出以下基本结论:

1)与上位机通信正常,排除软件故障。

2)上报的故障代码可排除转位传感器的故障。

3)上电时电流增加至 0.53 A,表明锁紧机构、锁紧电机及驱动完好。

4)测试转动电机供电电流正常。

寻北仪无法寻北主要由线路连接断路、转位电机驱动故障、转位电机故障引起。

拆开寻北仪,检查各线缆的状态,没有发现线缆损伤、断路;取出机芯,给寻北仪加电,观察转动机构转动并记录电流变化,在加电转动过程中,机芯转动正常,无结构异常、干涉等情况;检查电路板输入接插件和输出接插件的可靠性,接插件紧固螺钉完好,并无松动现象;检查接插件针脚的焊接点,没有发现虚焊或焊接异常点;使用万用表对每个针脚和对应的焊点进行了通断性排查,没有发现异常;针脚和焊点间导通性良好,没有发现接插件接触不良现象;检查电机驱动组件各焊点,组件各焊点饱满,无虚焊现象;测试转位电机绕组的阻抗正常。导线与碳刷焊接点如图 4.15 所示。

图 4.15　导线与碳刷焊接点

进一步检查,在导线和碳刷头端子的焊接处有硅胶保护,分别测量两个碳刷和插头处导线的阻抗,发现其中一端电阻过大,怀疑该电阻端的焊接处可能存在接触不良。

将硅胶清理后,可以看到引出导线在该焊接点处已大部分断开,在硅胶的作用下,导线和碳刷固定铆钉存在接触不良现象。

【问题原因】

−43 ℃条件下,发生的转位故障是由于转位电机电源线焊接质量不高,在低温及机械应力作用下形成虚焊,在−43 ℃条件下引起接触不良,导致转位电机无法启动。

【问题整改】

1）重新焊接，将导线由垂直方向焊接面改为平行焊接面，顺着走线方向，并在穿孔引线时留有余量，修复接触不良电路部分。

2）焊接后，再用胶水固定，使线的拉扯力不直接作用到焊接点处，保证焊点的持久可靠。重新开展低温循环试验，寻北仪工作正常。

【同类问题】

某型寻北仪高低温循环可靠性试验中，在－30 ℃条件下，寻北仪开机后约30 s，报转位故障，不能寻北，在其他温度条件下寻北仪工作正常。经检查，寻北仪转位电机方向控制通道上的匹配电阻输出焊脚焊接有缺陷，在高低温及机械应力作用下形成虚焊，导致转位电机方向控制失效，寻北仪自检失败，报转位故障。

某型侦察车低温工作试验中，发现交流组合无输出，指示灯不亮。经检查，开关触点焊接不合格，开关触点内部变形，使摩擦力增大，出现开关触点不能接触导通，在低温应力作用下情况加剧，导致交流组合单元接收不到开机信号，交流组合无输出。

某型侦察车高温贮存试验中，出现指挥终端机在高温贮存后进行外观和功能检查时，指挥终端上电按下启动键后，液晶屏无显示，硬盘指示灯不亮，无法正常开机。经检查，指挥终端机中内存条插槽个别管脚存在焊接缺陷，在高温应力作用下焊点缺陷被放大，造成焊点断开，导致系统无法正常开机。

某型侦察车低温工作试验中，出现跟瞄发射转台上电后，进行方位、俯仰寻零过程，方位轴未进行寻零。经检查，控制回路中伺服控制板、电机均正常，且驱动器是伺服控制回路中的功率输出部件，驱动器故障会导致转台无法转动，无法寻零。方位驱动器电源转换部分虚焊虚接，导致驱动芯片供电不稳，低温环境下无法提供足够的驱动力，导致转台方位轴系产生方位寻零故障。

【问题启示】

焊点的虚焊虚接问题是在装备检验验收中较难发现的问题，一般只有在环境应力的充分作用下，该类问题才可能暴露。如何管控规范焊点焊接工艺是需要高度重视的工作，要通过严格生产控制、检测复检、提高工艺等措施，预防该类问题的产生。

四、案例 4：某型输送车观察镜倒像质量问题

【问题描述】

某型输送车试验鉴定中，在不同路况运输试验后，开展夜间观察作用距离试

验时,出现输送车的周视观察镜视场中观察的目标为倒像,转动观察镜手轮时,目镜中的场景随手轮倒着旋转的质量问题。

【问题识别】

该型装备观察作用距离试验时,在不同路况下开展运输试验,模拟输送车实际运动状态,结束运输试验后,按照工作流程,进行夜间观察镜观察作用距离试验,考核评估运输车观察镜工作状态。

经分析,输送车运输试验前,周视观察镜功能状态正常,观察目标为正像。为进一步确定故障原因,选取白天进行周视观察镜观察作用距离试验,发现夜间和白天过程中出现的故障现象一致,均为周视过程中物像旋转,像旋没有消除,消像旋组件功能失效。该周视观察镜昼夜共用部分的消像旋机构——别汉棱镜没有随反光镜周视机构一起转动,消像旋功能失效。造成此类故障的原因可能有以下两种情况:

1)别汉棱镜组件自身失去作用,造成别汉棱镜不随上转动机构旋转。

2)别汉棱镜组件与周视机构中的连接机构出现故障,造成别汉棱镜组件不能跟随周视机构一起旋转,失去消像旋功能。

经检查,打开周视观察镜前面板检查发现:

1)安装别汉棱镜组件的4个内六方螺钉有3个脱落,螺钉及垫片脱落在腔体里。安装螺钉的脱落造成别汉棱镜没有安装到位,组件失去作用。

2)周视机构与别汉棱镜转动机构之间的连接机构脱开,连接销脱落。连接机构的脱开,造成别汉棱镜组件不能随周视机构一起旋转,消像旋作用失效。连接销脱落如图4.16所示。

图4.16　连接销脱落

判断观察镜倒像可能由安装固定不可靠导致。

【问题原因】

经查阅周视观察镜图纸资料发现,在安装别汉棱镜组件时,除安装平垫和弹簧垫圈外,还要求涂胶固紧,但是现场检查脱落螺钉没有涂胶。图纸技术要求连接机构的连接销为两头铆接,但是该装备并没有按照技术要求进行加工装配,在前期运输过程中螺钉及固定销会逐渐从孔中脱落,造成别汉棱镜与反光镜不跟随,周视过程中视场观察的目标为旋转像。

【问题整改】

1)严格按照图纸技术要求,对输送车周视观察镜别汉棱镜组件的固定螺钉重新涂胶固紧。

2)严格按照图纸技术要求,对连接机构的连接销进行两头铆接。重新开展试验,周视观察镜工作正常。

【同类问题】

某型装备淋雨试验后的功能检查中,定位定向装置出现导航信息异常,无法正常显示的质量问题。经检查,定位定向装置装配过程中,未对舱体侧壁螺钉孔按工艺要求规定加 704 硅橡胶密封,导致定位定向装置密封不严,淋雨试验中进水,损坏定向装置。

某微光望远镜浸渍试验中,物镜第一透镜内表面排气孔附近发现水滴。经检查,密封垫安装不当引起局部变形,导致进水故障。

某型无人系统湿热试验中,手持控制器屏幕内有水珠和水渍痕迹。经检查,手持控制器按键、屏幕连接处密封不严,导致进水故障。

某型火炮武器系统射击试验中,火炮完成一组最小射程射击试验后,瞄准装置机械部分表尺读数与实际值相差 5 mil。经检查,瞄准装置俯仰轴和镜身孔轴配合间隙超差,导致精度超差问题。

某型制导武器系统湿热试验中,功能检查时发射装置出现高低、方位调转故障的质量问题。经检查,光电编码器与法兰之间连接存在空隙,没有起到密封作用,编码器光电管由于湿气作用出现损坏。

某型手持侦察系统盐雾试验中,试后功能检查时多个频段出现输出干扰信号异常的质量问题。经检查,发现个别射频连接器密封橡胶圈有局部突起,存在安装不平整、装配工艺不到位的情况,导致系统密封不满足设计要求,盐溶液通过射频连接器渗进机箱内部。

【问题启示】

装备安装工艺控制有严格的标准要求,每一步都应该落实到位,确保不出问题。要加强装备质量管理体系建设,贯彻全员质量意识,落实质量标准要求,严格安装流程管控,加大检验抽检力度,通过严格规范的管理措施保证装备质量。

五、案例 5:某型炮长终端屏幕亮斑质量问题

【问题描述】

某型炮长终端试验鉴定中,在一般性功能检查时,出现炮长终端屏幕亮斑的质量问题。

【问题识别】

该型装备一般性功能检查时,打开炮长终端电源,查看炮长终端显示状态和功能菜单情况。

经分析,打开炮长终端电源后,屏幕出现亮斑,亮斑位置大小、状态保持不变,其余显示信息正常。炮长终端显示屏幕亮斑,且位置、大小不变,初步怀疑是炮长终端屏幕损坏引起该质量问题。

经检查,测试拆下的原液晶显示屏,发现显示屏已损坏,显示屏供电和数据端口经测试工作正常。针对显示屏损坏问题,一般采取直接替换法,将合格的液晶显示屏按标准要求安装到位,开机后进行功能检查,发现液晶显示屏依然存在亮斑,但位置、大小、状态有所变化。判断质量问题可能由于液晶显示屏安装不当引起。

【问题原因】

依据液晶显示屏安装固定标准工序,发现用于紧固炮长终端液晶屏的螺柱实际高度比设计高度缩短了 0.7 mm,在安装固定时导致屏幕受压过度造成损坏。

【问题整改】

按照设计要求,重新加工炮长终端固定液晶屏的螺柱,安装固定后,重新进行功能检查,屏幕显示正常。

【同类问题】

某型侦察车静态检测时,热像仪左右目镜视度调节转轮卡滞,视度无法调节。经检查,密封圈底槽直径、内镜筒筒口紧固螺丝均与设计尺寸不符,导致视度调节卡滞。

某型定位定向系统跌落试验后,进行通电检查时,开机约 30 s 报转位故障,无法寻北。经检查,定位定向系统安装时使用了过长的螺钉,导致转动机构在跌落时产生微小位移后即被伸出的螺钉头卡滞。

某型手持侦察装备静态检测时,经连续 3 次测量,手持控制器连接线长度均不满足要求($\geqslant 0.7$ m),与设计不符合。

某型火炮火控系统自动复瞄精度试验时,出现自动复瞄精度超标的质量问题。经检查,拆开惯性导航装置,发现定位套加工精度超差,设计要求的是定位套长度应小于台体安装面厚度 0.5 mm,但是该装备定位套明显高出台体安装面,且台体与定位套之间存在大量金属碎屑。

【问题启示】

装备设计要求必须得到严格落实,生产控制环节要对设计满足程度进行充分检验,防止因生产工艺不到位、生产产品不合格等影响装备正常使用。

六、案例 6:某型侦察设备辐射发射超差质量问题

【问题描述】

某型无人系统试验鉴定中,在侦察设备电磁兼容性试验时,出现 RE102 电场辐射发射超差的质量问题。

【问题识别】

该型装备侦察设备电磁兼容性试验时,根据 RE102 测试标准,将侦察设备开机工作,测量侦察设备工作状态下电场辐射发射数据。

经分析,侦察设备在电场辐射发射试验中,在 RE102 下出现测试数据超标。根据故障树分析,设备电场辐射超标主要由系统外壳防护屏蔽不到位、接口线缆信号泄露过大引起。RE102 测试曲线图如图 4.17 所示。

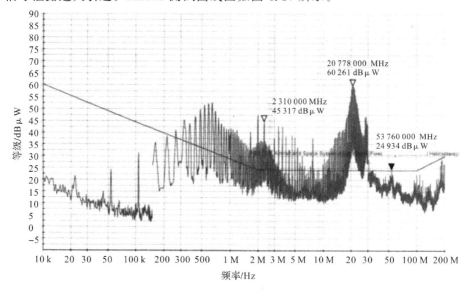

图 4.17　RE102 测试曲线图

经检查,通过频谱仪测试侦察设备电磁信号,将探头在整个系统的不同位置进行扫描,发现侦察设备连接线缆处有明显的电磁泄露。

【问题原因】

因侦察设备内线缆的屏蔽层较薄,屏蔽效果不佳,造成了设备内的直流电源控制模块(Direct Current,DC)模块的干扰、数字信号的上升/下降沿的干扰、输出的干扰,通过与该模块互连的线缆传导辐射,同时模块自身产生的干扰通过场-线耦合至其他线缆传导辐射,引起 RE102 超标。

【问题整改】

系统电磁兼容的整改,重点针对互连的线缆进行,采用多种屏蔽材料,通过在金属屏蔽套管增加缠绕一层铜网、再缠绕一层导电布的方式,形成多层屏蔽结构,且屏蔽层尾部与连接器实现 360°搭接,进一步增加电磁衰减,提高屏蔽效果。线缆进行屏蔽后,可减小线缆的传导干扰辐射,同时在屏蔽层外部进行局部绝缘处理,避免通过屏蔽层造成的线-线之间的耦合。

电场辐射发射一般通过传导和辐射两个路径,辐射路径主要是通过设备的屏蔽薄弱环节产生的电磁泄漏。屏蔽是用屏蔽体阻挡或减少电磁能传输的重要手段,其目的是限制内部辐射的电磁能量泄漏出该内部区域。理想的电磁屏蔽体必须是一个完整的、连续的导电体。

【同类问题】

某型侦察车试验鉴定中,在机电测角仪电磁兼容性试验时,100 MHz 附近存在 6 个频点超差,出现 RE102 电场辐射发射超差的质量问题。经检查,机电测角仪接触面氧化,内部防护漆喷涂面过大,不符合设计规范要求,导致机电测角仪未能有良好的屏蔽和接地效果。需清除处理多余防护漆,对接触面氧化层进行刮磨,并改进内部喷涂工艺控制过程。

某型制导武器系统射击合练中,发现发射装置指向偏低,并在合练过程中出现跳变,致使发射装置俯仰角跳变。经检查,未对倾斜传感器的防强干扰接地端进行接地处理,导致倾斜传感器在遇到干扰时输出格式由预设的二进制恢复成默认的美国信息交换标准代码(American Standard Code for Information Interchange,ASCII)输出格式,与接收端的格式不匹配。

【问题启示】

安装工艺要求的设备接地,有因重视不够而引起的安装遗漏,还有因绝缘屏蔽而引起的无效接地,这些都会造成装备功能、性能的丧失或下降,只有严格规范装备出厂检验标准要求,明确流程方法,做到每个环节都细致认真,才能有效避免问题的发生。

七、案例 7：某型观瞄仪图像紊乱质量问题

【问题描述】

某型制导武器系统试验鉴定中，在电磁兼容试验时，出现车长位置 200 MHz～1 GHz 外部射频试验以及车长终端位置 60～100 MHz 电源线传导干扰试验观瞄仪热像图像及数据显示紊乱的质量问题。

【问题识别】

该型装备电磁兼容试验时，系统开机上电后，通过外部信号发射装置向装备发射电磁信号，考核评价装备在电磁信号环境下的工作状态。

经分析，在电磁兼容试验开始前，系统开机上电，工作状态正常，观瞄仪图像稳定。在外部信号发射后，观瞄仪热像图像及数据显示紊乱，无法正常工作。电磁信号停止发射后，该装备工作状态恢复正常，观瞄仪热像图像及数据显示正常。根据故障树分析，电磁环境下观瞄仪出现图像紊乱主要由电磁屏蔽效果不佳、电路信号串扰、电源工作异常引起。

经检查，系统电磁屏蔽措施落实严格，电源测试结果正常，监测发现施加的电磁信号对系统内部和电源输出未造成影响，拆机发现车长终端的视频口视频信号地焊点过大过高，与机壳之间缝隙较小，且该焊点由于凸出于其他焊点，顶部可见明显的摩擦痕迹。判断质量问题可能由焊点与机壳串扰引起。

【问题原因】

未按规定的焊接检验工序检验。车长终端的视频口视频信号地焊点凸起与机壳导通，造成在电磁兼容试验中电磁干扰信号通过车长终端机壳串扰到视频跟踪电路板，导致观瞄仪图像及数据显示紊乱。

【问题整改】

对车长终端的视频口视频信号地焊点进行处理，确保焊点与机壳之间的距离，避免再次发生串扰现象。重新开展电磁兼容试验，观瞄仪显示图像稳定。

电子器件焊接必须按照规范的流程标准进行，一般采取温控可设烙铁按照电子器件的耐焊接热温度要求进行控温焊接操作，并对焊点高度的一致性进行检测。

【同类问题】

某型火炮武器系统行驶试验时，出现通信控制器与电台连接时断时续的质量问题。经检查，发现通信控制器键盘板背面焊接点尾针未按工艺要求处理，行驶中尾针与屏蔽铜网接触，造成串口芯片电源短路，致使通信控制器工作异常。

某型火炮武器系统瞄准装置试验时,在装定射角 1 000 mil 时,瞄准装置电子表尺读数显示异常。经检查,主控板焊点不规则,剥线长短不一,造成陀螺仪的接地端和片选端虚搭,陀螺仪输出端连接不牢靠,导致表尺读数失准。

某型夜间驾驶仪可靠性试验中,装备长时间工作后,进行开关机操作,第 1 次关机后再次开机,显示器黑屏无反应,用手轻拍显示器后出现开机画面且图像显示正常,后又连续进行 7 次开关机操作,上述现象依旧,其中每次开关时间间隔小于 1 min。将每次开关机的时间间隔调整为 1 min 以上后进行开关机操作,连续 7 次开关机操作,被试品开关机、工作均正常。经检查,显示器开关内部的 4 个管脚中,由于人工焊接时未按照开关的耐焊接热温度要求操作,导致其中一个管脚的高度尺寸与其他 3 个不一致,使开关拨片与管脚虚接。

【问题启示】

电路板焊点焊接有严格的工艺要求,要避免焊接点过高、过大,做到统一的规范标准,特别是针对机体空间狭小、线路布设密集、焊接数量较多的装备,要注意因焊点不规范产生串扰、短路、断路等。

八、案例 8:某型微光望远镜浸渍试验质量问题

【问题描述】

某型微光望远镜试验鉴定中,在浸渍试验时,出现个别电池仓进水的质量问题。

【问题识别】

该型装备浸渍试验时,将微光望远镜的电池盖旋紧,浸渍试验前,检查装备功能外观状态。浸渍试验结束后,再次检查装备功能外观状态。

经分析,同一批次 5 套微光望远镜一起开展浸渍试验,试验前检查无异常。试验结束后,检查发现有 1 台微光望远镜电池仓出现进水现象,其他 4 台微光望远镜电池仓正常。

电池仓是一个独立的密封腔体,其底部与主机内部连接处由密封胶密封,密封性的好坏通过向主机(电池盖打开)充气检漏来判定。电池盖由套在其螺纹根部的 O 型密封圈密封,与本体电池仓螺纹口平面接触,旋紧后达到密封效果。从电池仓结构可以看出,浸渍时水只能从电池盖处进入。比较该微光望远镜与其他微光望远镜发现,该微光望远镜的电池盖旋紧后与本体的间隙与其他被试品相比偏大。打开电池盖发现,本体电池仓螺纹口有毛刺凸起。判断质量问题可能是电池仓螺纹毛刺凸起部分影响了电池仓的密封性,从而导致浸渍试验时电池仓进水。故障电池盖与电池仓间隙如图 4.18 所示,正常电池盖与电池仓间

隙如图 4.19 所示,电池仓螺纹毛刺凸起如图 4.20 所示

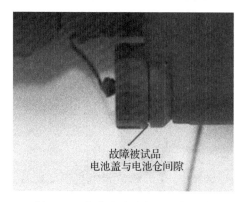

图 4.18 故障电池盖与电池仓间隙

图 4.19 正常电池盖与电池仓间隙

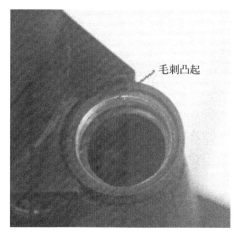

图 4.20 电池仓螺纹毛刺凸起

【问题原因】

电池仓质量控制不严格,电池仓第一圈螺纹上有毛刺凸起,凸起部分影响了电池盖与电池仓的密封性,在浸渍试验中,导致出现电池仓进水。

【问题整改】

1)建议生产厂家严格控制生产工艺,加大质量检查力度。

2)去除问题电池仓第一圈螺纹上的毛刺凸起,并旋紧电池盖,检查密封完好后,重新开展浸渍测试,电池仓未进水。

【同类问题】

某型无人系统湿热试验中,光电载荷相机拍摄的照片上不同位置出现 4 条竖直亮线,宽度均为 1 个像素。经检查,相机 4 条坏线只能在低照度下才能发现,出厂时未能检测出来,而在湿热试验后的检查环节中由于工房照度低,拍摄的照片发现存在坏线。

【问题启示】

生产工艺控制不严格,检验要求落实不到位,导致残次品产生,必然影响装备质量,导致不该发生的质量问题出现。

第三节　光电装备环境适应问题案例

一、案例 1:某型计算机屏幕低温显示模糊质量问题

【问题描述】

某型无人系统试验鉴定中,在低温工作试验时,地面单收站计算机出现屏幕显示内容模糊,无法清晰准确辨识的质量问题。

【问题识别】

该型装备低温工作试验时,将装备整体置入低温试验箱,在低温工作试验前,装备上电开机,进行系统功能检查,确保装备工作状态正常后关机,将低温试验箱温度降至装备低温工作温度,在装备保低温保透并开机检查工作状态正常后,在低温下持续工作,并适时检查工作状态,直至达到低温工作时长,低温工作试验结束。

经分析,低温工作试验开始前,装备功能检查未出现问题,地面单收站计算机工作正常,图像显示无异常。低温工作试验过程中,装备功能检查时,地面单

收站计算机显示内容模糊,无法清晰准确辨识。根据故障树分析,地面单收站计算机显示模糊,呈现的为无规则的杂乱水纹状图像,且在地面单收站计算机从低温恢复到常温状态后,开机发现地面单收站计算机屏幕显示恢复正常。初步怀疑地面单收站计算机低温下显示系统故障引起该质量问题。

经检查测试发现,显示系统信号传输输入正常。判断质量问题可能由计算机屏幕受低温环境影响引起。

【问题原因】

在低温环境下,计算机液晶屏幕的液晶黏度增大,对应需要的扭曲力和磁场能量增加,导致液晶的响应速度下降,出现屏幕显示内容模糊、无法清晰准确辨识的问题。

【问题整改】

地面单收站加固笔记本在低温下工作时,建议预热 10 min 左右后使用,并在操作使用说明书中明确,该装备低温工作时需预热。重新开展低温工作试验,低温下预热 10 min 后,地面单收站计算机工作正常。

【问题启示】

装备设计和操作使用应全面考虑武器装备系统及部件的状态特性,并在性能摸底考核中将环境适应性问题作为重要内容予以高度重视。液晶屏作为装备中广泛使用的器件,其特性决定了外部环境是影响工作效能的重要因素,因此,必须结合液晶屏特性合理确定使用要求。

二、案例 2:某型计算机低温无法启动质量问题

【问题描述】

某型无人系统试验鉴定中,在低温工作试验时,车载笔记本出现无法启动的质量问题。

【问题识别】

该型装备低温工作试验时,将装备整体置入低温试验箱,在低温工作试验前,装备上电开机,进行系统功能检查,确保装备工作状态正常后关机,将低温试验箱温度降至装备低温工作温度,在装备保低温保透并开机检查工作状态正常后,在低温下持续工作,并适时检查工作状态,直至达到低温工作时长,低温工作试验结束。

经分析,低温工作试验开始前,装备功能检查未出现问题,车载笔记本工作正常,启动无异常。低温工作试验过程中,装备功能检查时,车载笔记本工作异

常,无法启动,使用市电供电启动后关机,方可使用电池启动。根据故障树分析,车载笔记本低温下无法正常启动,主要由笔记本锂电池的启动电量不足引起。

经检查,在低温环境下,笔记本锂电池温度与低温环境温度保持一致,笔记本启动时,因锂电池温度变化特性导致电池电量出现大幅度下降,无法满足低温环境下工作启动要求。判断质量问题可能由低温下电池电量不足引起。

【问题原因】

低温试验前未将电池完全充满,且在−40 ℃环境下车载笔记本中锂电池电极的反应率非常低,工作效率大幅降低。低温下锂电池工作效率大幅降低,属于锂电池材质的固有特性,电池电量不足导致无法正常启动设备。

【问题整改】

该装备在低温条件下工作前,需将车载笔记本电池充满电,做好前期准备工作,并在操作使用说明书中明确车载笔记本工作注意事项。重新开展低温工作试验,车载笔记本启动工作正常。

电池容量示意图如图 4.21 所示。

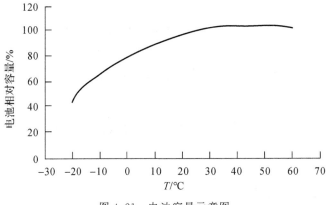

图 4.21　电池容量示意图

【同类问题】

某型传感侦察系统低温工作试验中,出现便携监控终端传输设备开机后,用检测设备查询不到各功能模块的工作状态,多次执行开机操作仍然无效的质量问题。经检查,原电池组性能已发生较大下降,试前用万用表测量的电压为虚电压,造成低温下供电电压不足,无法提供传输设备所需的工作电流。

【问题启示】

电池性能受低温环境影响较大,在低温下效率急剧下降,导致低温下装备启动工作困难。因此,电池作为装备的组成部分,应充分考虑低温环境造成的影响,采取防护改进措施,确保装备系统在指标规定的环境条件下正常使用。

三、案例3:某型里程测量装置锈蚀质量问题

【问题描述】

某型微光观察镜试验鉴定中,在湿热试验时,微光观察镜佩戴支架上的螺母及部分垫片出现不同程度锈蚀的质量问题。

【问题识别】

该型装备湿热试验时,将装备整体置入湿热试验箱,在湿热试验前进行装备功能检查,确保装备工作状态正常后关机开始湿热试验,湿热试验第5个循环周期后,装备上电开机进行功能检查后关机,继续进行湿热试验,第10个循环周期结束前和恢复到自然温度后分别对装备功能进行检查,最终评估装备是否满足湿热条件下性能指标要求。

经分析,湿热试验开始前,装备外观状态检查正常,微光观察镜佩戴支架上的螺母及垫片无锈蚀现象。湿热试验后,微光观察镜佩戴支架上的螺母及部分垫片出现不同程度锈蚀。初步怀疑微光观察镜佩戴支架上的螺母及垫片材质不满足环境试验要求,从而导致该质量问题。螺母锈蚀如图4.22所示,垫片锈蚀如图4.23所示。

图4.22　螺母锈蚀

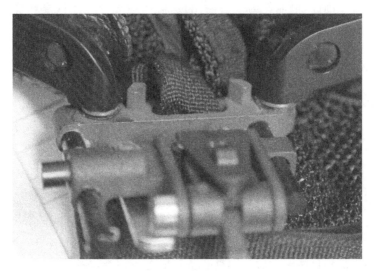

图 4.23　垫片锈蚀

经检查,微光观察镜佩戴支架上的螺母及垫片属于外部结构件,锈蚀不影响装备性能与功能。判断质量问题可能由材质不满足环境试验要求引起。

【问题原因】

微光观察镜佩戴支架上的螺母和垫片的材质不满足使用环境要求,部件防护措施不到位。

【问题整改】

1)建议选取满足微光观察镜使用环境要求的材料,替换微光观察镜佩戴支架上的螺母及垫片。

2)针对微光观察镜使用环境要求,选取专用的防护材料,提高微光观察镜的防护效果。

【同类问题】

某型定位定向系统试验鉴定中,在湿热试验和盐雾试验时,里程测量装置的软轴连接螺套和安装底板均出现不同程度锈蚀的质量问题。经检查,里程测量装置的软轴连接螺套和安装底板材质不满足环境试验要求。

某型无人系统湿热试验中,出现天线伺服传动轴锈蚀、操作不受控的质量问题。经检查,天线伺服传动轴镀硬铬厚度不足,仅为 0.03 mm,不适应装备湿热试验条件。

某型无人系统湿热试验中,出现便携式信息终端后螺钉和背带扣锈蚀的质量问题。经检查,后螺钉和背带扣材质不满足装备湿热试验条件。

【问题启示】

湿热试验和盐雾试验是考核装备是否满足不同地域、不同环境使用要求的重要内容,湿热试验主要在高温高湿条件下评定防锈油脂对金属的防锈性能,盐雾试验主要考核产品或金属材料的耐腐蚀性能。在装备设计过程中,必须充分重视材料的选取和制造工艺的确定,保证装备耐用、实用。

四、案例 4:某型侦察桅杆无法升起质量问题

【问题描述】

某型制导武器系统试验鉴定中,侦察桅杆在低温工作试验时,第一次发出升起指令后,电机上电启动即断电,桅杆无动作。经手动升起一段后,电机可正常升降桅杆。

【问题识别】

该型装备低温工作试验时,将装备整体置入低温试验箱,在低温工作试验前,装备上电开机,进行系统功能检查,确保装备工作状态正常后关机,将低温试验箱温度降至装备低温工作温度,在装备保低温保透并开机检查工作状态正常后,在低温下持续工作,并适时检查工作状态,直至达到低温工作时长,低温工作试验结束。

经分析,低温工作试验开始前,装备功能检查未出现问题,侦察桅杆在电机控制下能正常升降。低温工作试验过程中,装备功能检查时,第一次发出升起指令后,电机上电启动即断电,桅杆无动作。经手动升起一段后,电机可正常升降桅杆。根据故障树分析,低温工作环境下侦察桅杆无法升起主要由电机损坏、供电不足、通信线路故障、桅杆结构卡滞引起。

1. 电机损坏

低温工作环境下,升起指令发出后,电机有启动声音,但随即停止工作,桅杆手动升起一段后,启动电机工作,电机工作正常,且电机恢复常温后,测试电机无故障。排除电机损坏引起该质量问题。

2. 供电不足

第一次升起指令后,测试桅杆升降电机启动瞬间电流峰值达到 150 A,而车体供电系统分配电机的最大限流值为 80 A,引起限流保护,桅杆无动作。桅杆手动升起一段后,启动电机工作,测试工作电流为 70 A,满足供电系统分配电流。排除供电不足引起该质量问题。

3. 通信线路故障

从第一次升起指令和手动后第二次升起指令发生的现象看,指令下达后系统均有响应。排除通信线路故障引起该质量问题。

4. 桅杆结构卡滞

从低温工作环境下,第一次升起电机启动瞬间电流峰值过大,且手动后第二次电机恢复正常工作分析,第一次启动中存在桅杆升起阻力大的问题,导致电机启动电流过大,发生限流保护。检查桅杆结构,发现低温下润滑油脂变硬变稠。

判断质量问题可能由低温下桅杆阻力增大引起。

【问题原因】

低温条件下,侦察桅杆润滑脂黏稠度增加,导致侦察桅杆升降电机启动瞬间电流峰值过大,引起电机限流保护,无法正常升起侦察桅杆。

润滑脂用于机械的摩擦部分,起润滑和密封作用,也用于金属表面,起填充空隙和防锈作用,主要由基础油、稠化剂、添加剂调制而成。润滑脂根据不同使用范围和使用温度,有各种不同的型号,选择合适的润滑脂要关注润滑脂种类、润滑目的、温度条件、使用周期、更换保养工作等。

【问题整改】

按照装备维护保养要求,更换适合低温工作条件的润滑脂。同时,在桅杆升降机构控制电路中增加启动电流峰值消除模块,将电机启动瞬间电流减小,并将供电系统分配的最大限流值调整到 120 A。重新开展低温工作试验,侦察桅杆升降正常。

【问题启示】

对于使用润滑脂的机械结构,要高度关注润滑脂的维护保养和温度特性对装备状态的影响。此外,装备部件的启动电流要结合装备各个不同任务剖面进行全面系统设计,合理配置相关参数,在充分考虑安全适用的基础上,也要留有一定的冗余度,确保装备正常工作。

五、案例 5:某型光电载荷无激光输出质量问题

【问题描述】

某型无人系统试验鉴定中,光电载荷在起飞爬升阶段进行激光测距,出现无激光输出,重启光电载荷后,激光工作正常的质量问题。

【问题识别】

该型装备试验时,按照工作流程,利用光电载荷开展空中侦察校射任务,输

出激光进行目标测距。

经分析,光电载荷在地面检测过程中,工作状态正常,激光能正常输出,在起飞爬升阶段进行激光测距,无激光输出,重启光电载荷后,激光工作正常。根据故障树分析,无激光输出主要由激光发生装置故障、电源供电故障、信号控制线路故障引起。

1. 激光发生装置故障

查看无人系统主控站监测数据发现,在无人系统起飞爬升阶段,光电载荷内部温度发生连续变化,温度状态不稳定,而该系统工作对温度条件有一定限制,可能导致激光发生装置不工作故障。

2. 电源供电故障

查看无人系统主控站监测数据发现,系统电源供电正常,且在重启光电载荷后和降落到地面后的检测中,测试电源供电电压正常,未发现电源故障问题。

3. 信号控制线路故障

查看无人系统主控站监测数据发现,故障发生时刻,无人系统控制链路通信正常,指令发出接收状态均显示正常,数据链路通畅,系统状态正常,排除信号控制线路故障。

判断质量问题可能由激光发生装置故障引起。

【问题原因】

光电载荷作为无人系统的重要组件,一般凸出于无人系统主体,在爬升过程中,受到的环境冲击影响较大,在气流、温度等影响下,光电吊舱温度会产生连续变化,激光器工作需要对温度进行一定程度的识别控制,而在快速爬升过程中,温度变化导致温控受到一定的影响,温控时间与地面及平飞状态相比变长,在温控温度稳定前激光器不能正常输出激光。

【问题整改】

进一步规范装备操作使用规定,限定装备使用时机,明确爬升阶段光电载荷激光输出相关要求。后续试验中,未出现同类问题。

【同类问题】

某型无人系统飞行试验中,光电载荷出现红外小视场不能调焦,重新加电后正常的质量问题。经检查,红外热像仪设计为连续变倍,既要保证常温下变倍的焦面一致性,又要保证高低温工作范围之内的焦面补偿,同时兼顾尽可能宽的景深,因此调焦补偿的设计范围较大,从远焦端到近焦端需要一定时间,在调焦过程中图像清晰度变化较慢,导致人眼视觉上图像聚焦不清晰。重启之后红外热像仪会恢复到出厂设置的最佳成像位置。

某型无人系统低温工作试验中,红外热像仪校正后,原本较为均匀的图像非均匀性变差,伴随出现个别异常响应像元。经检查,热像仪长时间工作,造成平台内热像仪环境温度大幅升高,参考源挡板形成的辐射会进入响应线性区,经校正后的信号响应恢复为正常状态,非线性区非均匀性凸显,当观测低温非线性区域内的辐射目标时,出现图像质量下降和异常响应元。低温工作条件下,热像仪会自动进行校正,不建议执行基于内部参考源的校正操作。

某型无人系统激光照射精度试验中,出现光斑亮度较弱,且激光照射器在工作长时间后进行激光测距时,部分测距无返回值,激光照射器关机 1 h 后再开机进行测距,测距正常的现象。经检查,激光照射器在短时间内进行了多次照射,超出激光照射器使用的限制条件,导致激光照射器温度升高,照射能量减弱。

【问题启示】

正确的装备操作使用来源于对武器装备系统全面的分析和实践。一方面,装备设计要充分考虑不同任务剖面下的装备状态变化;另一方面,装备操作使用要依据装备工作机理科学制定流程方法。特别是光电装备受温度环境的影响较大,更需要从机理、原理上合理确定装备的使用范围和条件。

六、案例 6:某型激光器自检故障质量问题

【问题描述】

某型侦察车试验鉴定中,在系统高温工作试验时,出现激光器上电后自检故障的质量问题。

【问题识别】

该型装备高温工作试验时,将装备整体置入高温试验箱,在高温工作试验前进行装备功能检查,确保装备工作状态正常后关机,将高温试验箱温度升高至装备高温工作温度,在装备保高温保透并开机检查工作状态正常后,在高温下持续工作,并适时检查工作状态,直至高温工作试验结束。

经分析,装备高温工作试验前,激光器上电自检正常。试验过程中,在装备高温环境下,系统上电工作,激光器自检提示出现故障,无法正常工作。根据故障树分析,高温下激光器自检故障主要由水冷参数异常、控制模块异常、信号采集板异常引起。

发生自检故障后,查询激光器自检结果,显示为"激光头水温异常";查看水冷设备供液温度,显示为 21 ℃以上;查看供液温度设定值,显示为 20 ℃;查看控

温精度设定值,显示为±2 ℃。判断故障可能由激光头水温异常引起。

【问题原因】

水冷设备控温精度设置不当,原常温条件下设置温度:供液温度为20 ℃,控温精度为±2 ℃。激光器内有温度传感器,对水冷设备的要求是供液温度满足20 ℃±1 ℃,温度过高会引起激光波长的漂移,降低波长合束镜的效率。高温工作试验时,水冷设备供液温度和控温精度设置值仍为20 ℃±2 ℃,但实际供液温度超过了21 ℃则不满足要求,故激光器自检报故障。

激光器冷却管道内部安装有温度传感器,用于检测冷却液温度,温度浮动过大,会引起激光波长的漂移,从而降低内部波长合束镜的合束效率。

【问题整改】

重新设置水冷设备供液温度和控温精度,设定供液温度为20 ℃,控温精度为±1 ℃。重新开展高温工作试验,激光器上电自检故障提示消失,系统工作正常。

【问题启示】

装备设计固有特性往往难以在考核检验中暴露。因此,在装备设计中,必须全面系统考虑装备工作任务剖面对装备使用的不同影响,从原理、机理上彻底有效杜绝此类质量问题的发生。

七、案例 7:某型激光器无法正常工作质量问题

【问题描述】

某型无人系统试验鉴定中,在对地面目标测距时,经过15次正常测距后,第16次地面目标测距出现激光测照器回报"激光异常",测距距离值为0,解析为无激光的质量问题。

【问题识别】

该型装备对地面目标测距时,在无人系统地面检测正常后,按照工作流程升空,在空中对选定的各类地面目标启动激光测照器进行距离测量,评估装备是否满足指标要求。

经分析,激光测照器在前15次对地面目标测距时,屏幕显示工作状态正常,可读取到测距距离值,解析为有激光。在第16次对地面目标测距时,出现激光测照器回报"激光异常",测距距离值为0,解析为无激光的状态,激光测照器无法正常工作。针对装备无激光情况,建立故障树。无激光的故障树如图4.24所示。

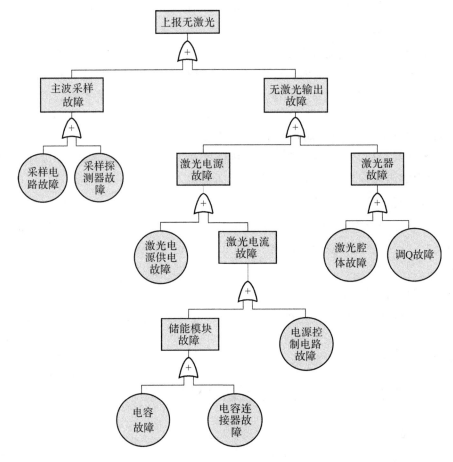

图 4.24　无激光的故障树

　　对激光测照器单独加电,发送测距指令,通过激光测照器工装软件进行控制和监控,激光测照器执行测距命令时,工装软件检测到激光电流值和实际所需激光电流差异较大,同时显示激光电源电流故障、无主波、测距值为 0。激光测照器工装软件显示电容电压采样值数值正常,排除激光电源供电故障。

　　初步定位至激光电流故障。将激光测照器拆出,打开激光测照器主控板舱盖后,首先对主控板和储能电容连接器进行检查,发现该连接器 3、4 脚线缆连接不牢靠,有从连接器脱出迹象,将该线缆压回底部后,对激光测照器再次单独加电测试,发送测距指令,工装软件显示激光测照器工作正常,激光电流值正常,激光电源正常,有主波,可观测到有激光输出,排除了除电容连接器故障外的其他故障。判断质量问题可能由连接端子失去定位锁定功能引起。端子定位锁图如

图 4.25 所示。

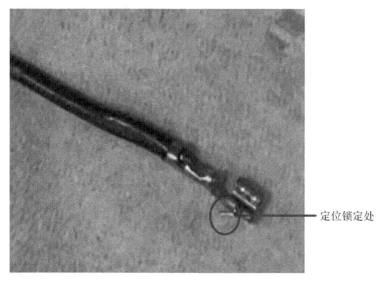

图 4.25 端子定位锁图

【问题原因】

连接端子失去定位锁定功能,在持续试验和空中振动条件下,导致 3、4 脚线自插头掉落,主控板和储能电容未能有效连接,激光测照器收到测距指令后,储能模块不能正常提供能量,未产生所需的激光电流,从而测距时无激光输出、激光测照器上报激光异常。

激光照射器由激光发射单元、激光接收单元和信息处理单元三部分组成。其中,激光发射单元包括发射光学镜头、激光器和激光电源、温控电路等,其功能是发射激光脉冲并产生主波脉冲;激光接收单元主要由接收光学镜头、接收电路等组成,其功能是探测返回的激光信号并形成回波脉冲;信息处理单元主要由计时电路、控制电路和通信电路等组成,其功能是产生激光编码信号,根据主波和回波脉冲解算距离信息并控制各单元协同工作。激光测距是通过测量激光从测量点至目标的往返时间,以及光的传播速度计算目标的距离值。激光照射的基本原理是激光照射器向目标发射编码激光脉冲,使激光制导武器中的导引头能够接收到被照射目标反射的激光编码信息,从而使其命中目标。

【问题整改】

1)更换连接端子,按照标准要求进行连接固定。重新对地面目标测距,激光测照器工作正常。

2)加强元器件筛选,对连接端子工作可靠性进行论证。

3)完善检测措施,严格装备出厂检测标准要求。

【同类问题】

某型制导武器系统试验鉴定中,在振动试验时,出现炮长跟踪制导瞄准镜无法正常工作的质量问题。经检查,炮长跟踪制导瞄准镜调速模块脱落,两颗固定螺丝全部折断,31个螺钉脱落,3根连接电缆断裂,激光器脱落并损毁,总电缆严重磨损,码盘稳速模块连接电缆全部被切断,安装固定板、盖板等部件松动脱落。

【问题启示】

装备抗振动冲击有严格的标准要求。一方面,在装备设计时,要充分考虑抗振动冲击因素,明确系统的措施要求;另一方面,在试验鉴定前,研制生产单位要对装备抗振动冲击进行充分考核摸底。

八、案例 8:某型红外热像仪输出异常质量问题

【问题描述】

某型无人系统试验鉴定中,开展湿热试验时,在第5个循环周期后对红外热像仪上电,图像呈现竖条纹状,在第10个循环周期结束前以及恢复到自然温度后对红外热像仪上电时,红外热像仪未启动的质量问题。

【问题识别】

该型装备湿热试验时,将装备整体置入湿热试验箱,在湿热试验前进行装备功能检查,确保装备工作状态正常后关机开始湿热试验,湿热试验第5个循环周期后,装备上电开机进行功能检查后关机,继续进行湿热试验,第10个循环周期结束前和恢复到自然温度后分别对装备功能进行检查,最终评估装备是否满足湿热条件下性能指标要求。

经分析,装备湿热试验前进行功能检查,热像仪工作状态正常。在经历5个湿热循环周期后,热像仪上电图像呈现竖条纹状,发现问题后,继续完成湿热试验,在第10个循环周期结束前和恢复到自然温度后,热像仪上电检查,热像仪均未启动成功。系统分析热像仪工作过程,分别建立热像仪竖状条纹和无法启动故障树。热像仪图像呈现竖条纹状如图4.26所示。红外热像仪图像竖条纹状故障树如图4.27所示,红外热像仪无法启动故障树如图4.28所示。

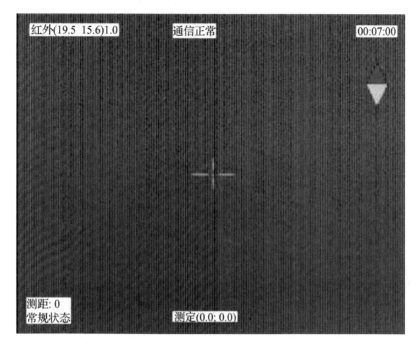

图 4.26　热像仪图像呈现竖条纹状

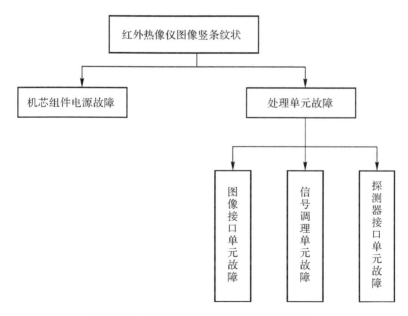

图 4.27　红外热像仪图像竖条纹状故障树

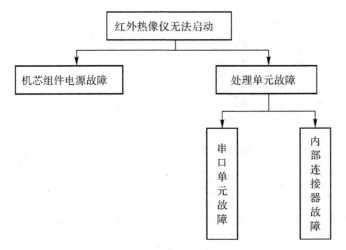

图 4.28 红外热像仪无法启动故障树

其中,红外热像仪图像竖条纹状可能由机芯组件电源故障或处理单元故障引起,而导致处理单元故障的原因可能为图像接口单元故障、信号调理单元故障或探测器接口单元故障。

红外热像仪无法启动可能由机芯组件电源故障或处理单元故障引起,而导致处理单元故障的原因可能为串口单元故障、内部连接器故障。具体分析如下:

1)红外热像仪机芯组件电源:机芯组件电源输入为 DC28 V,输出为三路 DC12 V,分别向红外探测器制冷机、镜头驱动板和处理单元供电。若该模块被腐蚀出现异常,将导致红外热像仪图像竖条纹状或无法启动。

2)图像接口单元:机芯组件通过 SDI 接口输出图像,若该接口单元模块异常,将导致红外热像仪图像竖条纹状。

3)信号调理单元:信号调理单元接收红外探测器输出的模拟图像信号,进行调理后输入模数(AD)转换单元,最终由主控芯片完成各项图像预处理功能。若该模块故障导致红外探测器输出的信号无法正常处理,则当主控芯片接收到异常数据时红外热像仪图像呈现竖条纹状。

4)探测器接口单元:探测器接口单元用于提供红外探测器焦平面正常工作所需的各项电源和偏置电压,若该模块异常将导致红外热像仪图像竖条纹状。

5)串口单元:机芯组件通过数据接口单元进行通信,若该接口单元模块故障将导致红外热像仪无法启动。

6)内部连接器:处理单元通过内部连接器完成 FPGA 交联,连接器脱落或虚接将导致红外热像仪无法启动。

通过故障树,对湿热条件下,最有可能造成热像仪出现质量问题的机芯组件电源进行测试,发现电源输入正常,但输出的三路电源电压异常,不满足 DC12 V 使用要求,再对图像接口单元、信号调理单元、探测接口单元、串口单元、内部连接器进行检查测试,未见异常。判断质量问题可能由机芯组件电源故障引起。

【问题原因】

红外热像仪机芯组件电源质量不可靠、防护不完全,在湿热条件下,出现腐蚀情况,导致电源输出电压降低,无法正常工作。

红外热像仪由红外探测器、处理单元、电源电路和镜头驱动单元组成。处理单元实现红外探测器图像信号读出、模拟信号到数字信号转换、数字图像信号预处理及图像处理、图像对外接口输出等功能,电路总体框图如图 4.29 所示。红外探测器输出模拟信号经运放跟随调理,经 AD 转换变成数字图像信号进入 FPGA 进行非均匀性校正、坏元替代等图像预处理工作,再经过图像增强和接口变换,经数字分量串行接口(SDI)输出给上位机。红外热像仪原理框图如图4.29所示。

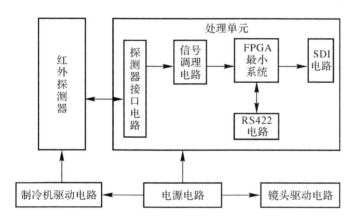

图 4.29 红外热像仪原理框图

【问题整改】

1)建议生产研制单位加大对机芯组件电源的遴选和产品防护。

2)更换机芯组件电源,重新开展湿热试验,红外热像仪工作正常。

【同类问题】

某型无人系统试验鉴定中,在低温工作试验时,光电载荷出现红外图像输出异常的质量问题。经检查,伺服电机低温工作时,由于电流增大,产生尖峰脉冲,尖峰干扰叠加进图像传输链路,使得图像同步信号受到干扰,导致图像输出异常。方位、俯仰伺服电机的驱动线上加装磁环,避免产生干扰信号。

【问题启示】

装备在高低温环境下工作,各系统部件受到的环境冲击较大,是装备试验鉴定中出现问题较多的考核环节,发生原因也各不相同,但由于信号干扰影响图像输出异常的问题则不常见,因此要更加注重武器系统的整体设计开发,加强系统兼容性考核,避免质量问题发生。

第四节　光电装备系统软件问题案例

一、案例 1:某型导航装备里程数据不更新质量问题

【问题描述】

某型导航系统试验鉴定中,在里程刻度系数标定试验时,出现装备以大于 11 m/s 的速度行驶,里程数据不更新,但航向、姿态信息正常,车速下降后,里程数据恢复更新,里程数与实际里程不符,缺少高速行驶段里程的质量问题。

【问题识别】

该型装备里程刻度系数标定试验时,采取惯导/里程计工作模式,通过载车运动行驶,检查里程刻度系数的标定是否满足装备使用要求。

经分析,装备低速运动时,里程数据更新正常,但以大于 11 m/s 的速度行驶时,里程数据停止更新,运动过程中航向、姿态数据始终正常。导航系统故障测试结果见表 4.1。

表 4.1　导航系统故障测试结果

时间	行驶速度	现象	结论
290~636 s	<11 m/s	里程由 0 增加到 1 729	正常
636~838 s	>11 m/s	里程信息保持 1 729 不更新	异常
838~954 s	<11 m/s	里程由 1 729 增加至 2 184	正常

根据故障树分析,里程数据不更新的主要原因有以下几方面。

1. 里程计或里程信息分发装置输出异常

试验过程中,车辆驱动里程计产生的里程信号,通过里程信息分发装置分别

提供给三个型号的导航装备使用。其中两个型号导航装备均工作正常,因此排除里程计异常的可能。同时,将导航装备跳过里程分发装置,直接与里程计连接,问题现象仍未消除,也可排除里程信息分发装置故障的可能。

2. 里程-导航系统电缆断路

更换里程-导航系统电缆,问题现象仍未消除,可排除里程-导航系统电缆断路的可能。

3. 导航系统中里程信号接收通道硬件异常

里程信号接收通道中,里程信号经过开关三极管后驱动隔离光耦,光耦输出信号送至 FPGA 进行处理。电路中,光耦的最高响应频率和三极管的最高开关频率远高于里程计的输出频率,且行驶速度低于 11 m/s 时,导航系统能够正常输出里程信息,因此里程信号接收通道硬件正常。

4. 导航系统中存储的里程计刻度系数异常

在低速行驶时,惯性/里程组合的里程正常更新,且与纯惯性解算值一致,可以排除该原因。

5. 导航系统与上位机通信中断

里程数据不随车辆运动增加时,坐标北向、水平姿态等数据正常更新,而里程信息与坐标北向、水平姿态等数据都通过同一串口传输到上位机,因此排除该原因。

6. 数字滤波程序滤波门限设置不合理

导航系统接收到里程计信号后,为了减少干扰信号的影响,首先通过数字滤波程序对脉冲信号宽度进行处理。只有当信号宽度达到一定的值,才作为有效里程信号,用于计算里程;否则认为是干扰信号,不计入里程脉冲数。

里程计实际输出的脉冲信号宽度为

$$T = \frac{1}{2} \frac{1}{vk}$$

式中:v 表示行驶速度(m/s);k 表示里程计刻度系数(p/m)。

里程刻度系数是里程计在载车驶过单位里程所输出的脉冲数。通常情况下,里程计每转动一圈输出的脉冲数是确定的,但是里程计转动一圈对应载车行驶多长距离还与车轮周长、车轮-里程转速比两个参数有关。

里程计刻度系数为

$$k = \frac{P}{\eta s}$$

式中:P 表示里程计每转动一圈输出的脉冲数(p/r);s 表示车轮周长(m);η 表示

车轮-里程转速比。

通过计算,导航系统将脉冲信号宽度门限值设为 $300\ \mu s$,即当接收到的脉冲信号宽度大于 $300\ \mu s$ 时,作为有效里程脉冲信号,宽度小于 $300\ \mu s$ 的信号都作为干扰信号剔除。

经检查,标定后的运动载车里程刻度系数远大于导航系统设置值,当行驶速度约为 $11\ m/s$ 时,里程计输出的脉冲信号宽度已经达到导航系统设置的滤波门限值,导致导航系统中的里程信号采集模块数字滤波程序将正常的里程脉冲视作干扰信号而滤除,发生导航系统里程不随车辆运动而增加的质量问题。

【问题原因】

惯导系统里程信号采集模块数字滤波程序的滤波门限设置不当引起该质量问题。

里程信息的处理过程为:车辆行驶驱动里程计产生脉冲信号,导航系统收到里程计脉冲信号后,先经过滤波剔除可能的干扰信号,计算有效脉冲信号个数,然后乘以里程计刻度系数转化为行驶速度,再积分得到行驶里程。

【问题整改】

调整里程信号采集模块数字滤波程序的滤波门限参数,保证有效信号不丢失,并可靠地滤除干扰。

【同类问题】

某型检测维修车激光参数测试中,出现武器系统激光信息场特征点坐标和线性区直径大小均在合格范围内,检测维修车检测结果显示为不合格的质量问题。经检查,软件程序合格判据中,测量值的上限值低于实际技术指标,导致符合要求的实际测量结果显示为不合格。

某型观测仪软件功能测试中,出现北斗模块高程数据异常的质量问题。经检查,观测仪机芯组件的软件将北斗高程输出限制为 $-300\sim4\ 000\ m$,导致在超出系统海拔高程区域的地区数据异常。

某型火炮瞄准装置功能检查中,出现瞄准装置屏幕主界面射击距离、横向修正、横滚 3 个参数值连续跳变不止的质量问题。经检查,瞄准装置陀螺零偏超出设定的陀螺仪零偏估计阈值,导致程序误认为火炮身管处于运动状态,并将陀螺零偏值作为身管转动角度进行累加计算,导致参数连续跳变不止。

某型定位定向系统定位精度跑车试验中,在"惯性/北斗"组合导航模式下,出现定位数据偏离实际航线的质量问题。经检查,北斗数据的置信度过高,导致在北斗给出的导航定位数据状态字显示有效情况下,北斗定位数据异常,定位数据出现航迹偏离。

某型定位定向系统方位保持精度试验中,惯导装置出现 3 次精度超差的质量问题。经检查,履带式载车有多个窄带频率振动区。通常,装备系统需要滤掉激光陀螺机抖产生的振动,而选用的低通滤波器频率范围不满足实际使用要求,载车行进中振动产生的部分角速率信号被滤掉,导致方位保持精度超差。

某型无人系统飞行试验中,出现垂直起降、定点悬停、定点回收过程中红外任务载荷上下晃动、边缘触地,风速较大条件下任务载荷图像不同程度抖动的质量问题。经检查,载荷软件中电机比例积分微分(PID)参数设置与飞行工作要求不一致、匹配不佳,未结合实际飞行环境设置电机控制参数。

某型制导武器系统联调联试中,在发动机发动状态下,出现周视观瞄仪姿态传感器测量车体姿态角存在抖动,俯仰角度测量超差的质量问题。经检查,软件中传感器采样频率偏高,由发动机振动造成周观仪头部晃动产生的角度变化反应到测量结果里,导致角度测量超差。

某型制导武器系统组合导航定位精度试验中,出现定位精度超差的质量问题。经检查,里程计信号不匹配,定位定向装置从里程计读取的方波数比里程计实际输出的方波数多。改进里程计采集信号的滤波电路,调整截止频率、采样电平、驱动电流等参数。

【问题启示】

软件作为信息化装备控制系统的神经,发挥的作用越来越重要。软件参数的配置要充分考虑装备实际使用状态和工作环境,并在实际使用中进行充分检验校验,保证软件和硬件的相适应、相适配,发挥软硬件结合的最佳效应。

二、案例 2:某型导航用户机数据未获取质量问题

【问题描述】

某型测地车试验鉴定中,在装备功能检查时,出现导航用户机无法获取导航数据信息的质量问题。

【问题识别】

该型装备功能检查时,按照系统工作流程,对装备上电开机,逐项进行装备功能状态检查,以确保装备功能状态满足操作使用要求。

经分析,用户机上电显示正常,但一直无法获取导航数据信息。由于导航用户机是装备较为独立的组成部分,根据故障树分析,导航用户机无法获取导航数据信息主要由导航用户机未正常启动、线路连接故障、数据传输接口故障引起。

1. 导航用户机未正常启动

通过给导航用户机上电,检查导航用户机工作状态,调试软件系统,从导航

主机中获取的导航数据信息内容正常,可以排除导航用户机工作异常问题。

2. 线路连接故障

测试检查导航用户机到显示系统的连接线路,发现线路连接通畅,没有短路、断路问题。

3. 数据传输接口故障

导航用户机采取串口进行数据传输,检查发现其他数据显示正常,只有导航数据信息无法正常显示,测试发现导航用户机数据信息无法通过串口进行有效传输,而其余信息传输正常。进一步查看串口波特率,发现串口波特率不一致。

判断质量问题可能由串口波特率设置引起。

【问题原因】

该型装备串口波特率为 19 200 bps,与北斗用户机中串口波特率参数 115 200 bps 不匹配,导致无法实现有效通信。

【问题整改】

修改设置软件中串口波特率为 115 200 bps,并对串口参数更改进行保护,禁止波特率参数被更改。重新进行功能检查,导航设备工作正常。

波特率是每秒通过信号传输的码元数,常用"Baud"表示。波特率一般是用于描述串口通信的速度、速率的指标,串口常见的波特率有 4 800 bps、9 600 bps、19 200 bps、115 200 bps 等。波特率高,通信响应速度越快,但误码率增加;波特率低,误码率降低,但通信响应速度减慢。

串口波特率在用户机开机初始化时从参数存储区域中读出,然后利用其对串口进行初始化,确定串口数据传输速率。两个通信对象在交互数据时必须要保持同样的波特率,如果波特率参数不正确,将导致用户机无法与外部设备进行正常通信。

【同类问题】

某型测地车定位功能检查时,出现北斗用户机定位精度异常超差现象。经检查,北斗用户机双向零值参数未设置保护措施,串口参数可被随意变动,试验时零值由 813 860 变为 −2 932 336,导致用户机定位精度超差。

【问题启示】

试验鉴定装备状态固化是最基本的要求。一方面,要从设计角度出发,防止对装备状态参数进行随意修改,明确保护措施;另一方面,在装备试验鉴定前,应对装备功能状态进行检查,确保工作正常。

三、案例 3：某型惯导装置高程计故障质量问题

【问题描述】

某型定位定向系统试验鉴定中，在维修性试验时，出现导航状态下切断高程计连接电缆后，软件不能正常提示高程计故障的质量问题。

【问题识别】

该型装备维修性试验时，按照装备试验剖面和操作使用说明，设置装备故障，记录维修人员、维修时长、维修工具等内容，考核装备故障维修能力。

经分析，在导航系统正常工作的情况下，断开高程计电缆，系统软件未能按照高程计断开的实际，及时提示高程计出现故障，系统界面菜单显示无异常。根据故障树分析，在系统工作正常情况下，人为断开高程计连接线缆，进行维修性试验验证，系统未提示部件工作异常情况主要由系统软件未设置该工作异常判断条件引起。

经检查，系统软件在设计中，未考虑在导航阶段将高程计状态字发送到显控软件中，导致显控软件无法在正常导航阶段读取到高程计的状态字，以确认高程计是否工作正常。判断质量问题由软件设计不全面、不充分引起。

【问题原因】

软件设计开发不全面，未将导航状态下高程计状态字发送到显控软件中，未对高程计状态字发送异常情况设置提醒报警功能。

【问题整改】

修改系统软件，增加在导航状态下将高程计状态字发送到显控软件功能，设置"在导航状态下，高程计故障后，显控软件显示系统故障"的故障代码。结合维修性试验，采取插拔高程计线缆的方式进行了 7 次验证，系统均能正常提示高程计故障状态。

【同类问题】

某型无人系统地面静态测试中，出现遮挡北斗天线，在定位无效后，地面站显示的气压高度数据停止更新的质量问题。经检查，飞行控制软件设计不合理，将北斗定位是否有效作为向地面站发送气压高度数据的前提，导致定位无效状态下气压高度数据停止更新。

某型夜间驾驶仪开机自检和故障显示功能检查中，在断开夜视摄像头和显示器的串口通信线缆后，开机自检均显示通信正常。经检查，软件设计不全面，对显示器通信自检指令没有进行处理，导致未上报异常故障信息。

　　某型侦察系统导航装置功能检查中,北斗用户机与系统相连进行定位时,用户机及系统显示控制器显示的坐标值与真值相差很大。经检查,系统软件设计不全面,当向北斗用户机发出"有测高"指令时,系统又向北斗用户机发送了高程值固定为"0"的指令,导致北斗用户机没有按实际的高程值进行定位解算,出现定位精度超差。

　　某型侦察车测试性试验时,侦察指挥席上红外告警软件模拟设置红外告警设备图像实时处理板故障,拔掉处理板,侦察指挥席显示红外告警设备未连接成功,但干扰控制席未显示该情况信息,前后席位红外告警设备状态信息显示不一致。经检查,红外告警软件未将红外告警设备连接的成功与失败状态作为设备故障信息进行上报,软件在未连接红外告警设备情况下,会在后台一直尝试连接红外告警设备,直到成功为止,而未连接状态不认作故障,故未主动上报至干扰控制席。

【问题启示】

　　软件系统作为装备有效运转的中枢神经,必须充分考虑装备使用实际,满足各项指标要求。装备软件设计时,应遍历装备各类应用剖面,符合装备使用流程,对装备异常状态进行有效提示,满足使用维修要求。

四、案例 4:某型导航装备定位偏差质量问题

【问题描述】

　　某型定位定向系统试验鉴定中,在定位精度试验时,在"惯性/北斗"组合模式下,北斗信号被遮挡时,出现定位结果偏离标准值较大的质量问题。

【问题识别】

　　该型装备定位精度试验时,定位定向装备上电进行寻北,寻北完成后,装备机动至标准点位,比较装备系统定位数据与标准点位偏离大小,考核评价装备定位精度。

　　经分析,装备在"惯性/北斗"组合模式下,进行定位精度试验,定位精度满足要求,惯性导航和北斗导航定位系统均工作正常。当北斗信号被遮挡后,装备使用惯性导航进行装备定位时,定位结果偏离标准值较大。初步怀疑惯性导航系统故障引起该质量问题。

　　经检查,在北斗信号被遮挡后,通过调试软件查看惯性导航系统输出的导航数据信息内容正常,惯性导航系统工作状态正常,能够正常进行定位数据的传输,但计算装备定位精度数据结果显示偏离标准点数值较大。考虑到惯性导航系统的工作特性,判断质量问题可能由惯性导航系统累计误差引起,经多次重新定位寻北测试,发现每行驶一段里程后,导航定位数据即不同程度出现偏差。

【问题原因】

查看导航系统软件使用说明书,发现该定位定向系统导航系统惯性/北斗组合模式采用的是纯惯性与北斗组合的模式,而非通常的惯性/里程计与北斗进行组合的模式。因此,当北斗信号被干扰或遮挡时,系统定位结果由纯惯性速度推算得到,导致误差较大。不同工作模式下定位误差与北斗遮挡时定位误差的比较如图4.30所示。惯性/北斗模式与惯性/里程计模式下定位误差比较如图4.31所示。

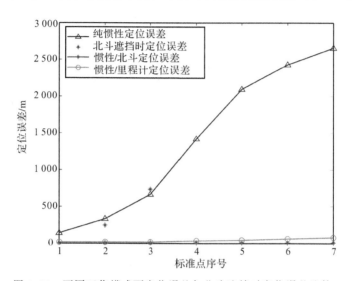

图 4.30　不同工作模式下定位误差与北斗遮挡时定位误差比较

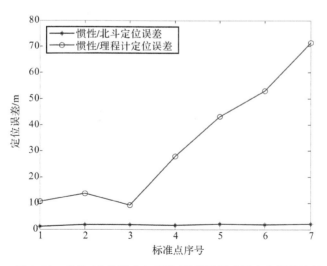

图 4.31　惯性/北斗模式与惯性/里程计模式下定位误差比较

【问题整改】

明确组合导航模式使用策略,对导航系统软件进行修改,当北斗定位异常时,采用惯性/里程/高程组合速度代替纯惯性速度进行位置推算。软件修改后,进行验证试验,定位结果满足要求。

组合导航系统通过对两种或多种导航系统测量或输出信息进行综合处理,以获取高精度、高可靠性的定位定向数据。惯性导航通过测量载体在惯性参考系的加速度,将它对时间进行积分,且把它变换到导航坐标系中,就能得到导航坐标系中的速度、偏航角和位置等信息。纯惯性导航是一种自主式的导航设备,不依赖外界信息,不受气候条件和外部各种干扰因素影响,但随着时间会积累误差,影响定位结果。里程计可以直接得出测量量,其误差不随时间变化。在卫星干扰情况下,通过纯惯性导航与里程计的组合能够提高导航系统精度,利用里程计的输出数据与惯导系统数据进行组合,可有效控制惯导误差随时间的增大。

【同类问题】

某型定位定向系统高纬度定位精度试验时,在惯性/北斗组合模式下,出现高程定位精度超差。经检查,惯性/北斗组合高程以北斗高程对高程计高程进行修正作为组合导航高程,北斗高程精度决定了组合高程精度。在高纬度地区,北斗定位获取星数较少,空间位置精度因子(PDOP)值较大,定位变差,导致系统在惯性/北斗组合模式下高程精度超差。修改系统软件,在高纬度地区组合高度优先采用高程计高程,并设置纬度门限。

【问题启示】

系统软件设计中,要根据装备工作原理和实际使用环境进行充分考虑。定位定向系统中,要科学准确确定导航策略,选取对装备实际使用有支撑效果的导航方式,提升装备在不同场景、不同环境下的生存能力。

五、案例 5:某型导航装备高程跳变质量问题

【问题描述】

某型定位定向系统试验鉴定中,在高程定位精度试验时,系统在各测试点的高程精度良好,但通过查看后台数据,发现系统试验过程中,在一些路段不同程度地存在高程跳变的质量问题。

【问题识别】

该型装备定位精度试验时,定位定向装备上电进行寻北,寻北完成后,装备机动

至标准点位,比较装备系统定位数据与标准点位偏离大小,考核评价装备定位精度。

经分析,导航系统在各测试点的高程精度良好,但通过后台数据发现运动过程中,出现过高程跳变的情况。根据故障树分析,正常的导航过程输出的导航信息都是连续变化的,出现跳变现象是由于外界基准信息对惯性导航结果进行了修正,跳变量级与进行修正时刻惯性导航信息与基准信息的差值相关,差值越大,修正时跳变量级也越大。高程定位精度跳变如图 4.32 所示。

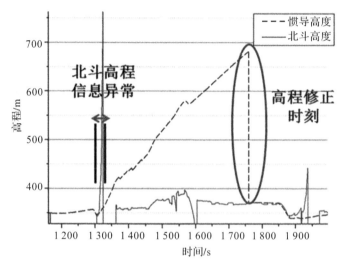

图 4.32　高程定位精度跳变

在北斗输出的高程信息出现跳变的 1 304～1 323 s 这一时间段内,北斗输出的定位状态字都为正常,表征其高程信息有效且可用,而北斗实际输出的高程信息在 1 304～1 323 s 的短时间内从 347 m 变到 763 m,与实际运动状态明显不符。惯导会利用这一表征有效而实际无效的高程信息进行高程的组合导航和误差修正,进而导致惯导系统的高程误差逐步增大。到 1 759 s 惯导系统判断到北斗高程信息再次可用时,对惯导的高程信息进行修正,从而出现了跳变现象。判断质量问题可能由北斗高程信息异常引起。

【问题原因】

软件中对北斗位置信息可用的判别条件设置不当。在惯性/北斗组合模式下,由于北斗信息输出的高程定位状态与实际状态严重不符,导致惯导利用错误的高程信息进行误差修正,从而导致误差变大,而在北斗信息正常后进行误差修正时,出现了由于误差修正引起的高程信息跳变。

惯导利用陀螺仪和加速度计敏感车辆运动的角速度及加速度信息,并将获得的信息转换到基准导航坐标系,然后通过导航解算将角速度及加速度信息积分获得速度及姿态信息,速度积分获得位置信息。惯导在卫星组合模式下,会利用卫星定位获得的精确定位结果对惯性导航信息进行误差修正,为了避免在卫星未定位状态下出现的误修正,在进行组合导航误差修正之前,需要对卫星信息的有效性进行判断,判别的内容包括卫星定位的状态字以及卫星的水平精度因子(HDOP)、垂直精度因子(VDOP)等定位因子。当卫星定位状态字表征卫星定位正常,且定位因子在正常范围之内,惯导会利用卫星信息对其自身误差进行修正。

【问题整改】

1)修改导航装备系统软件,更改惯性/北斗组合模式下北斗水平位置信息可用判别方式,确定采用北斗信息的 HDOP 值取值范围。

2)在卫星组合模式下加入高度表信息。软件修改后,进行验证试验,定位结果满足要求。

【同类问题】

某型定位定向系统定位精度试验中,在惯性/北斗组合模式定位精度过程中,导航时间 12 300~12 360 s 内系统高程由 424 m 变化至 645 m,与实际行驶情况不符。经检查,软件设计中北斗高程有效性判别条件设置不当。北斗高度有效性的判定条件为定位有效,PDOP 值小于 7,定位星数不小于 4,导致系统使用了跳变的北斗高程进行组合高程计算,高程变化与实际行驶情况不符。

某型定位定向系统定位精度试验中,在惯性/北斗组合模式下,出现水平定位严重超差的问题。经检查,软件设计中北斗可用的判别条件设置不当,且无数据异常值自动剔除功能,惯性/北斗组合模式下的输出结果完全采信北斗定位数据,导致定位结果超差。

某型定位定向系统定位精度试验中,在惯性/北斗组合模式下,导航时间 2 263~2 267 s 内水平位置信息出现跳变。经检查,软件设计中北斗数据可用的判别条件设置不当。北斗数据可用的判断条件为"定位状态不为 0,定位星数大于 4 且 PDOP 值小于 8",在 2 263~2 267 s,虽然北斗数据出现跳变,但满足数据可用的判断条件,系统采用该跳变的数据进行位置解算,导致水平位置跳变。

某型定位定向系统试验鉴定中,在定位精度试验时,4 609 s 出现惯性/北斗组合模式下的水平定位结果纬度跳变 120 m、经度跳变 220 m 的质量问题。经检查,软件中对北斗水平位置信息可用的判别条件设置不当。在惯性/北斗组合模式下,4 387~4 540 s 时,装备系统利用异常的北斗信息对导航结果进行修正,使得定位结果偏离了真实位置。在 4 609 s 北斗重新进入定位状态,此时装备系统再次利用北斗信息对导航结果进行修正,定位结果由异常数据跳变到了正常值。

【问题启示】

定位定向装备大多采取惯性/北斗组合导航模式,如何选取确定合适的定位定向策略十分关键,只有判别条件设置科学合理,才能保证定位定向装备的准确输出。

六、案例 6:某型导航装备高程精度超差质量问题

【问题描述】

某型定位定向系统试验鉴定中,在定位精度试验时,惯性/里程计/高程计模式下,出现系统输出的高度值与真值相差较大、高程定位精度超差的质量问题。

【问题识别】

该型装备定位精度试验时,定位定向装备上电进行寻北,寻北完成后,装备机动至标准点位,比较装备系统定位数据与标准点位偏离大小,考核评价装备定位精度。

经分析,定位定向系统采取惯性/里程计/高程计组合模式,已在多个不同地域开展定位精度试验,试验结果符合要求。在本次装备试验中,出现高程定位精度超差。根据定位定向系统工作原理分析,定位定向系统在对高度误差进行处理时,首先通过建立高度通道误差模型,经卡尔曼滤波器估计出此误差,然后进行修正。在现有滤波器中,高程计的误差模型按照常值设计,即

$$\partial h = b$$

式中,∂h 表示高度表误差,b 表示常值,即认为高程计只存在一个常值的误差,且该误差不会变化。在滤波器中利用高程计的误差与定位定向系统的误差进行滤波计算,相差的部分都认为是定位定向系统的高度误差。路线高度值如图 4.33 所示。

在装备试验时发现,高程计的实际误差并不是理想的常值误差,如图4.34所示。

可以看出,高程计的实际误差除了常值误差以外,还包括由高程计刻度系数误差引起的高度误差,其误差是会变化的,特别是在行驶路线有较大的高度变化时,刻度系数误差将被激励出来(在高度变化不大的区域表现不出来),但由于在滤波器中设定的高程计为常值误差,因此这一特别表现出来的误差将会被认为是定位定向系统高度值的误差,从而会对其进行错误的修正,即将高程计由于刻度系数

误差参数的输出误差修正到定位定向系统上,从而导致定位定向系统输出的高度值出现精度下降的情况。在本次装备试验条件下,定位定向系统输出的高程的数值出现精度下降的情况,是由将滤波器中现有的高程计误差模型设定为常值误差导致的,需要对该误差模型进行更改,以更真实地描述高程计的误差特性。

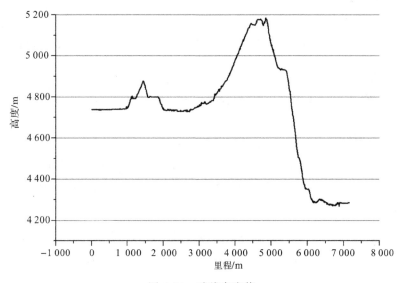

图 4.33　路线高度值

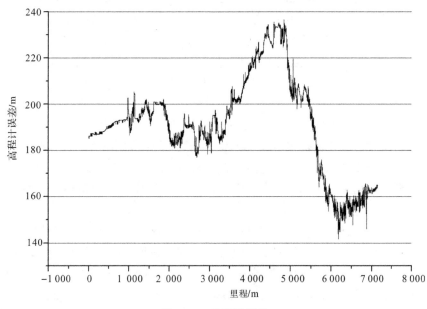

图 4.34　高程计误差

经检查,发现高程测量装置的高程系数为常数,未增加高程自适应功能,而本次装备试验的高程差变化极大,导致高程计刻度系数出现误差,并通过高程计误差系数产生影响系统精度的误差。判断质量问题可能由定位定向系统误差模型不适用引起。

【问题原因】

定位定向系统出现高程精度下降的主要原因是滤波器中设定的高程计的误差模型与实际情况不符,模型认为高程计的误差是常值,而实际是随高程变化而变化的。在海拔高且高程差大的地方测量精度不满足高程精度要求,导致惯性/北斗组合导航高程定位精度超差。

【问题整改】

通过对试验数据的分析,并结合惯导系统所采用的高程计的误差模型,将滤波器中高程计的误差模型改为与高程变化相关的形式,从而消除高程计误差变化的影响,保证高程精度。重新开展定位精度试验,试验结果满足要求。

定位定向系统的高度解算具有发散的特性,即如果没有外界参考信息,通过惯性系统与里程计组合解算获得的高度是会随着时间而发散的,而在惯性/里程计/高程计模式下,为了确保定位定向系统的精度水平可以满足指标要求,会利用高程计输出的高度值对定位定向系统的高度值进行组合修正,且其精度主要依靠高程计保证。

【同类问题】

某型定位定向系统试验鉴定中,在水平和高程定位精度试验时,装备以惯性/里程计组合模式进行水平和高程定位精度试验,出现水平定位精度超差的质量问题。经检查,试验当日室内外温差达到55 ℃左右,而惯性/里程计组合模式下,里程计受轮胎尺寸变化影响较大,试验过程中车胎气压变化较大,车轮直径产生变化,而系统软件中里程计系数为固定值,无法进行调整。

某型制导武器系统惯性导航功能检测中,出现俯仰角标定不准确的质量问题。经检查,导航过程中需经常根据燃油、弹药、载车悬挂软硬程度以及行车坡度等因素拟制修正参数表,调整安装俯仰偏差角,才能保证高程定位精度。

某型定位定向系统试验中,在惯性/里程/高程组合模式下,高程定位误差偏大。经检查,软件设计中高程误差模型存在缺陷,仅考虑高程计的常值误差,而高程计的实际误差除常值误差外,还包括由高程计刻度系数误差引起的高度误差,导致当试验路线中高度变化较大时,刻度系数误差对高程定位结果的影响形成高程精度超差。

【问题启示】

软件系统要充分考虑装备的实际使用需求,特别要关注需要在不同环境场景下进行调整的参数,把该调整参数的任务剖面、变化机理、精度要求等考虑全面,设计准确,以满足装备操作使用要求。

七、案例 7:某型侦察平台字符显示异常质量问题

【问题描述】

某型无人系统试验鉴定中,在内部调试模式下,出现视频图像上叠加的方位角、俯仰角、焦距值、激光测距值不更新,退出内部调试模式后,视频恢复正常的质量问题。

【问题识别】

该型装备内部调试模式下,平台向图像跟踪器发送数据,可在视频图像上叠加显示方位角、俯仰角、焦距值、激光测距值等参数,检验系统软件运行是否正常,各项测试参数是否有效显示,以确认系统工作运行状态。

经分析,系统进入内部调试模式,按照软件操作规范,平台向图像跟踪器发送数据,数据生成后,不再更新,未按照后续测试数据的变化而变化,且退出内部调试模式后,视频恢复正常。根据问题现象,数据信息不更新主要由测试系统故障、测试链路故障或软件系统故障引起。

1. 测试系统故障和测试链路故障

由于内部调试模式下,测试数据信息不能有效更新,但退出内部调试模式后,视频恢复正常,因此可以排除测试系统故障或测试链路故障引起该质量问题。

2. 软件系统故障

内部调试模式下,测试数据信息未更新,怀疑软件对数据的传输更新设置不当。

经检查,内部调试模式下,平台向图像跟踪器发送正常数据帧和测试数据帧。其中正常数据帧与正常模式下相同,而测试数据帧包含平台内部的测试数据,不作为正常使用的数据。由于两帧数据字节长度相同,帧头不同,内容不同,判断质量问题可能是由内部调试模式下的数据冲突引起。

【问题原因】

内部调试模式下,由于正常数据帧与测试数据帧数据字节长度相同,帧头不同,内容不同,图像跟踪器处理实时图像的同时再去解析正常数据帧和测试数据帧会出现解码错误,导致故障的发生。

【问题整改】

打开系统平台调试软件,在内部调试模式中,屏蔽测试数据帧,只发送正常数据帧。重新设置内部调试模式,视频恢复正常,参数显示正常。

【同类问题】

某型火炮武器系统射击试验中,瞄准装置电子瞄准方位显示数值均出现连续递增/递减、不能锁定的质量问题。经检查,瞄准装置软件设置为调试模式,使用调试部分的代码和参数,导致显示值变化异常。

【问题启示】

调试模式是软件进行系统开发、内部测试、功能检查的程序。一般情况下,调试模式具有独立性,调试数据与测试数据不同时参与软件运行。因此,软件调试模式必须设置好与装备实际运行数据的关系,避免两种数据同时进入,导致装备工作异常。

八、案例 8:某型导航装备数据紊乱质量问题

【问题描述】

某型定位定向系统试验鉴定中,在定位精度试验时,出现惯性/里程/高程导航模式下,惯性导航装置位置信息紊乱的质量问题。

【问题识别】

该型装备定位精度试验时,导航装置上电进行寻北,寻北完成后,装备机动至标准点位,比较装备定位结果与标准点位偏离大小,考核评价装备定位精度。

经分析,惯性/里程/高程导航模式下,惯性导航装置在第一个基准点时工作正常,而在第二个基准点系统数据紊乱。查看后台数据,发现该现象是由于在车辆运动过程中误触发了软件上的"静态对准"命令造成的。但将系统断电,在车辆静止时重新进行静态对准,系统仍无法正常工作。

该装备有静态对准和动态对准两种初始对准方式,相应的软件界面上有"静态对准"和"动态对准"两种命令。正常情况下,静态对准时,要求载车保持静止,

对准完成后载车才能开始运动。

在静态对准过程中,估计系统天向加速度计零偏等误差;在对准结束时刻对天向加速度计零偏进行修正,同时将该误差量写入 FLASH 中,以保证系统下次上电时能够继续进行修正。因此,如果某次对准出现异常(如在静态对准过程中载车运动),将导致写入 FLASH 中的天向加速度计零偏估计值错误,那么系统下次上电时,会将该错误的天向加速度计零偏代入系统导航解算过程中,导致天向速度及高程信息误差明显偏大,造成系统无法正常工作。

经检查,定位定向系统天向加速度计零偏为 3 500 ug 左右,远大于正常值。人为清除该错误参数后,再重新上电对准,系统工作正常。判断质量问题可能由软件设计考虑不全面引起。

【问题原因】

系统上电对准时,未对 FLASH 中存储的天向加速度计零偏估计值的正确性进行判定,而直接代入系统解算,导致异常操作后系统无法正常工作。

【问题整改】

1)在系统对准结束时,天向加速度计零偏参数写入 FLASH 之前,增加滤波有效性判别,无效对准参数不写入 FLASH,避免由于误操作而导致系统把错误估计的参数写入。

2)在显控软件中设置"对准失败"的告警和提示信息,避免初始过程异常导致系统输出结果错误。

3)在显控软件中设置操作命令的确认机制和防误操作机制,防止系统在正常使用过程中发生误操作。

【同类问题】

某型定位定向系统可靠性试验中,第 1 次定向时间测量满足指标要求,第 2 次定向时间测量超过指标要求,在系统连续工作 12 h 后,7 次定向精度测试均超过指标要求,寻北仪定向时间和定向精度不满足指标要求。经检查,寻北仪定向系数 K 存在误差,未重新进行标定,无法在规定时间内完成定向测量,同时造成定向离散度大,导致定向精度超差。

【问题启示】

装备系数标定是装备正常工作的基础。未标定的数据会不断积累误差,引起软件系统的错误计算,需引起高度重视。在装备维护使用说明中,要全面介绍系统的原理、机理和维护使用要求,特别是关系系统误差的参数标定和正确性判断,要作为重点内容予以规范化和标准化。

第五节　光电装备器件质量问题案例

一、案例 1：某型火控系统屏幕闪屏质量问题

【问题描述】

某型火炮试验鉴定中，在跌落试验时，出现火控系统屏幕闪屏的质量问题。

【问题识别】

该型装备跌落试验时，在检查确认装备功能状态正常后，按要求对装备进行安装固定，在一定高度处让装备自由落下，再次检查装备功能状态。

经分析，该型火炮在跌落试验前，开机检查火控系统屏幕显示正常，无闪屏现象。跌落试验后，进行功能状态检查，发现火控系统屏幕出现闪屏故障。按照故障树分析，跌落试验后，屏幕出现闪屏故障，主要由液晶屏损坏、主板故障、线缆故障引起。

1）采取替换法，将液晶屏与显示正常的 2 号机火控系统连接，液晶屏未出现闪烁条纹，排除液晶屏损坏的可能。

2）拆机检查，逐个测试火控系统主板上显示相关芯片的输出信号，测试结果均正常，排除主板故障的可能。

3）检查主板相关线缆，发现低电压差分信号（LVDS）显示线缆与主板相连端的插头松动，重新插拔后仍有松动迹象，仔细观察线缆插头和插槽，发现插头只有一侧有卡扣能与插槽相固定，另一侧无卡扣，造成 LVDS 线缆插接不可靠。火控系统工作时，人为固定 LVDS 线缆，液晶屏闪烁条纹消失。摇晃 LVDS 线缆，液晶屏再次出现闪烁条纹。

判断质量问题可能由 LVDS 线缆插接不稳固引起。

LVDS 线缆插接件示意图如图 4.35 所示。

【问题原因】

装备火控系统插头质量不合格，在跌落试验中，由于受到的冲击力较大，造成 LVDS 线缆插接处松动，导致火控系统屏幕闪屏。

【问题整改】

1）更换 LVDS 线缆插头。

2）连接 LVDS 线缆插头插座，对 LVDS 线缆插座两侧进行点胶固定。重新

开展跌落试验,火控系统显示正常。

图 4.35　LVDS 线缆插接件示意图

【同类问题】

某型测地车功能检查中,出现操控软件无法读取北斗用户机信息的质量问题。经检查,连接北斗用户机的通信电缆插头质量不合格,多芯插头连接器中 1 个针脚脱落。

【问题启示】

装备线缆插头反复插拔易造成接头松动或插头内芯脱落,要有效避免该类质量问题发生。一方面,要遴选品质合格的插头产品,确保质量过硬;另一方面,要根据插头结构和使用要求,进行可靠固定,规范操作。

二、案例 2:某型侦察平台角度值显示异常质量问题

【问题描述】

某型无人系统试验鉴定中,在地面功能检查时,可见光侦察平台上电开机后出现外俯仰不运动,角度值显示异常的质量问题。

【问题识别】

该型装备地面功能检查时,按照系统工作流程,上电开机,操作使用系统对功能状态进行逐项检查,确保功能状态正常后,开展空中试验任务。

经分析,系统前期试验过程中,各项功能正常,外俯仰角度值显示正常,未发现质量问题。根据故障树分析,该质量问题可能由伺服控制板故障或外俯仰编码器单元故障引起。

外俯仰异常故障树如图 4.36 所示。

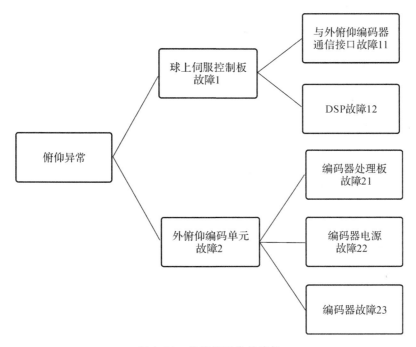

图 4.36 外俯仰异常故障树

1. 与外俯仰编码器通信接口故障

使用万用表测量连接电缆,电缆连通正常;使用示波器测量接口信号,信号电压正常;使用 DSP 仿真器对伺服控制板的数字音频处理口(DSP)进行在线仿真,采集接口数据,数据采集正常。

2. DSP 故障

DSP 的作用是采集外框编码器的数据进行处理。出现故障现象时,外方位工作正常,可以判断 DSP 处于工作状态。通过 DSP 仿真器对 DSP 进行在线仿真测试,判断其采集数据、控制功能正常。

3. 外俯仰编码器处理板故障

观察处理板的指示灯,指示灯闪烁正常,表示处理板工作正常;使用示波器测量处理板的输出信号,信号正常;用备用的处理板代替原处理板,故障现象未消除。

4. 外俯仰编码器电源故障

使用万用表测量编码器输入电压,电压正常。

5. 外俯仰编码器故障

测试外俯仰编码器输出不正常,更换新的外俯仰编码器,通电测试,平台工作正常。

判断质量问题可能由外俯仰编码器故障引起。

【问题原因】

系统的外俯仰编码器因长时间工作,受环境应力影响较大,导致性能下降,工作异常。

【问题整改】

更换外俯仰编码器。重新开展系统功能检查,外俯仰运动正常,角度值显示正常。

【同类问题】

某型武器发射车可靠性试验中,热像仪工作时,出现需保养维修提示,无法开展功能检测。经检查,观瞄仪中热像仪扫描器激光二极管在高温下性能下降,发射光强降低,导致热像仪判断机制中提示需保养维修。

某型武器系统可靠性试验中,出现盲元现象严重、图像质量差的质量问题。经检查,导引头探测器芯片在冲击振动和低温冲击下性能下降,盲元显著增加,导致探测器图像质量变差。

某型武器系统无线语音通话试验时,出现炮长终端无线话音通信偶尔断续,行走中通话断续严重的质量问题。经检查,炮长终端内部射频信号功率放大,集成电路性能下降,热损耗较大,导致射频放大芯片性能下降较快,输出功率减弱。

【问题启示】

元器件是装备系统最基本的组成部分,元器件性能的高低决定了装备系统的整体功能和效能发挥。一方面,要加大元器件筛选,把质量合格的元器件选出来、用起来;另一方面,要根据元器件功能衰减特性,科学制定元器件使用期限和更换规范,保证装备状态稳定。

三、案例 3：某型定位定向系统数据紊乱质量问题

【问题描述】

某型定位定向系统试验鉴定中，在定位精度试验时，初始对准后，由起始点行驶至第一个坐标点的过程中，系统出现状态异常，导航数据紊乱，系统输出航向大幅波动，速度、位置误差快速发散的质量问题。

【问题识别】

该型装备定位精度试验时，导航装备上电进行寻北，寻北完成后，装备机动至标准点位，比较装备定位结果与标准点位偏离大小，考核评价装备定位精度。

经分析，系统初始对准功能正常，且前期功能检查中未发生质量问题。针对导航状态输出异常的故障现象，建立系统故障树。

导航功能异常故障树如图 4.37 所示。

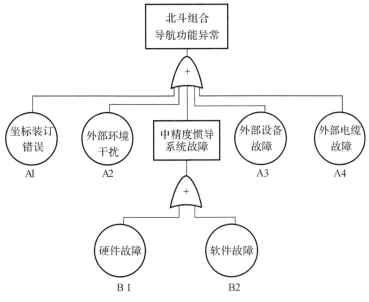

图 4.37 导航功能异常故障树

1. A1：坐标装订错误

故障出现时，现场核对系统原始装订坐标，与起始点实际坐标相符，排除坐标装订错误引起故障的可能性。

2. A2：外部环境干扰

由于多个设备均装配在同一车辆上进行试验，采用同一里程计、北斗信号，

未出现相同故障,排除外部环境干扰引起故障的可能性。

3. A3:外部设备故障

由于多个设备均采用同一里程计、北斗信号,其他设备的里程计等外部设备未出现故障,排除外部设备引起故障的可能性。

4. A4:外部电缆故障

检查线缆发现,供电线缆开关松动,重新开关几次后,彻底损坏,无法继续使用。换掉此开关,进行验证试验,故障未再次出现。

5. B1、B2:硬件、软件故障

在更换电源开关后,故障未再次出现,排除硬件、软件引起故障的可能性。

判断质量问题可能由外部供电线缆开关故障引起。

【问题原因】

外部供电线缆开关接触不良,在行车过程中发生短时通断,使得定位定向系统的陀螺和加速度计供电异常,导致系统输出的导航数据错乱。

【问题整改】

更换外部供电线缆开关。重新开展定位精度试验,系统定位精度符合指标要求。

【同类问题】

某型侦察系统目标侦察试验时,出现显示控制器突然自动关机,无法再次开机启动的质量问题。经检查,该系统中的电源控制芯片输出随输入电压变化而变化,致使电池电压无基准电压比较,导致在未提示报警情况下突然自动关机。显示控制器电池电量提示报警系统中电源控制芯片主要用于输出稳定的基准电压,该基准电压不随电池电压的变化而变化,用于电池电压通过电阻分压后与该基准电压进行比较产生报警信号。

【问题启示】

系统部件一旦发生问题,会造成装备系统紊乱甚至停止工作。在发生质量问题后,特别是系统功能性问题,各系统组成部件都应作为重点进行排查检查,从运行机理上解决问题。

四、案例4:某型图像记录仪串口无法通信质量问题

【问题描述】

某型无人系统试验鉴定中,在振动试验前上电检测时,出现机载图像记录仪

无法进行串口通信的质量问题。

【问题识别】

该型装备振动试验前,按照工作流程,系统上电开机,检查确认系统各项功能是否正常,元器件固定是否牢固,为振动试验做好前期准备。

经分析,前期任务中机载图像记录仪工作正常,串口具备通信功能。在振动试验前上电检测时,系统出现无法进行串口通信的问题。图像记录仪由主控板和接口板组成,由外部直流经过接口板电源芯片转换电压为主控板供电。整机原理框图如图 4.38 所示。

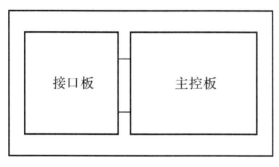

图 4.38　整机原理框图

根据故障树分析,可知图像记录仪无法进行串口通信主要由以下原因引起。故障树如图 4.39 所示。

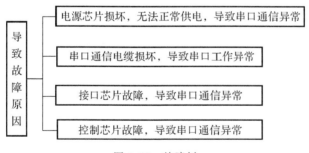

图 4.39　故障树

1)用直流电源对故障图像记录仪通电,通过万用表测量电源模块输出电压,测量结果正常,记录仪正常上电,故排除电源芯片损坏导致串口通信异常。

2)对故障图像记录仪进行测试,故障复现,而采用正常图像记录仪进行测试,该记录仪工作正常,因此可确定串口通信电缆是正常工作状态。

3)接口芯片位于图像记录仪接口板上,控制芯片位于图像记录仪主控板上。

采取替换法,替换安装正常图像记录仪,对正常图像记录仪进行串口测试,串口无通信,可以判断正常图像记录仪的控制芯片没有接收到经过接口芯片转换后的信号,接口芯片故障。

4)采取替换法,对故障图像记录仪进行串口测试,串口通信异常。用检测软件对控制芯片接口进行测试,发现控制芯片接口信号常高,工作不正常。

判断机载图像记录仪无法进行串口通信可能由芯片损坏引起。

【问题原因】

机载图像记录仪上电检测时,操作人员误将信号源供电电源线插入机载图像记录仪供电接口,导致接口芯片管脚电压输入过大,接口芯片本身损坏并波及与其相连的控制芯片,造成串口通信异常。

【问题整改】

1)对信号源和供电电源线进行防插错设计改造,防止出现误操作。

2)更换接口芯片和控制芯片。在重新开始振动试验前上电检测,串口通信功能正常。

【同类问题】

某型侦察系统侦察性能试验中,开机工作 1 h 40 min 左右,突然出现键盘及操作摇杆死机,无法对显示控制器及回转台进行操作,视频图像显示正常的质量问题。经检查,处理电路中负责系统串口数据通信控制的芯片损坏,管脚 1 在高温条件下输出不正常。不正常信号经过光电耦合后产生大量毛刺,致使单片机不断读取串口数据,无法退出,导致键盘及摇杆操作没有响应。

某型无人系统湿热试验中,出现北斗差分用户机无供电指示的质量问题。经检查,在湿热环境中,装备处于温度高、湿度大的环境下,开关机瞬间电源产生的过电压造成主板芯片损坏。

【问题启示】

供电电压不稳定和环境适应性差是造成芯片损坏的主要原因。芯片质量问题产生后,故障排查时要特别关注芯片供电电压和环境条件的分析判断,及时发现问题原因。

五、案例 5:某型瞄准具光电编码器异常质量问题

【问题描述】

某型火力系统试验鉴定中,在强度试验时,出现数字瞄准具的电子测角机构

输出表尺装定值在单次射击前、后数据跳变约 4～7 mil,数据累计变化量约 23 mil 的质量问题。

【问题识别】

该型装备强度试验时,按照工作流程,采取不同的射角进行强度射击,每组射击装定好射击诸元,并在射击后观察射击诸元以及装备系统的变化情况。

经分析,单次射击前、后数字瞄准具的电子测角机构输出表尺装定值出现跳变,且数据累计变化量较大。根据故障树分析,该质量问题可能由以下因素引起:

1)检查光电编码器内轴安装卡箍的紧固螺钉,紧固螺钉安装稳定可靠,满足工艺标准要求,排除内轴安装松动引起质量问题。

2)检查光电编码器外壳弹片与瞄准具紧固螺钉,紧固螺钉安装稳定可靠,满足工艺标准要求,排除外壳弹片在瞄准具上安装松动引起质量问题。

3)检查瞄准具的偏心轴,满足工艺标准要求,排除偏心轴松动引起质量问题。

4)排除以上系统器件出现质量问题的因素,质量问题可能由光电编码器故障引起。

为进一步判断故障,将光电编码器按照射击时所受冲击的方向固定在冲击试验台上,进行冲击验证。经冲击验证,光电编码器示值的变化趋势基本为单向变化,累计变化量较大,已不满足瞄准具的精度要求。

【问题原因】

光电编码器作为外购件,筛选不严格,使用前未进行冲击筛选,导致冲击下发生故障,不满足使用要求。

【问题整改】

加强光电编码器筛选,在安装使用前进行抗冲击筛选。重新开展强度试验,数字瞄准具工作正常。

【同类问题】

某型侦察车跌落试验时,出现指挥终端机通信异常,连续自动发送报文无法停止的质量问题。经检查,指挥终端机密封键盘内存在异物,致使"发送"键内部弹片固定不可靠,在跌落试验时脱落导致键盘电路板相应触点短路。

某型定位定向系统可靠性应力试验中,定位定向装置在低温、低电压条件下,系统无法正常启动。经检查,同时试验的 6 台产品,其中 1 台出现故障。由于供电电源板筛选不严格,导致电源板品质达不到设计要求,低温低电压条件下系统无法启动。

某型夜间驾驶仪可靠性综合应力试验中,第 1 个循环夜视摄像头开机工作正常，2 h后功能检查时发现单红外模式下和"红外＋微光"叠加模式下的图像花屏，图像出现竖状条纹，单微光模式下图像正常。关机重启图像显示正常，继续工作30 min左右后再次出现花屏现象，第2次关机重启，正常工作30 min左右后现象依旧。经检查，由于红外探测器筛选不严格，夜视摄像头红外探测器特性随着使用时间的增加产生了一定的劣化，且装备非均匀性校正范围不足，造成图像花屏问题。

某型制导武器系统可靠性试验中，发射车热像启动10 min后，在热像图像正常的情况下，热像状态仍显示未就绪，此时无法进行跟踪、视场切换和调焦等操作，热像仪重启，功能恢复。经检查，由于热像仪二次电源模块筛选不严格，电源适应范围较窄，电源适应能力变差，当发生瞬态掉电时热像仪重启，导致热像仪与观瞄仪之间通信中断，无法响应外部指令。若通信中断时上级系统判断热像处于未就绪状态，则不响应热像跟踪指令；若中断时上级系统判断热像处于已就绪状态，则响应热像跟踪指令。

某型无人系统飞行试验中，光电载荷上电进行目标定位任务，出现无法正常发射激光的质量问题。经检查，激光测照器调Q板的逆变电源筛选不严格，变压器绝缘性能差，使得次级高压反串到初级，导致芯片被击穿，无法正常发射激光。

某型定位定向系统高低温循环可靠性试验中，第1次正常完成寻北后处于通电待机状态约4 min，待机工作电流突然变为零；重启装备系统，电流依然为零，无法寻北；恢复自然温度后装备系统依然无法工作。经检查，二级电源模块筛选不严格，出现失效短路，导致系统一级宽压电源模块进入保护状态，停止供电输出，系统呈现出电流为零，无法上电故障状态。

某火炮系统周视瞄准镜可靠性试验中，在工作时间大于2 h后，进行"关闭电源→立即重新打开电源"操作，综合显示装置出现"方向无值"的故障现象。经检查，接口芯片未严格按照筛选技术条件进行老化筛选，且筛选中未在"较长时间通电工作后，关闭电源后立即重新打开电源"条件下进行芯片的测试，导致芯片不满足使用要求。

【问题启示】

武器装备研制生产过程中，要注重对元器件的筛选，严把元器件质量关口，确保武器系统的可靠性。

六、案例6：某型夜间驾驶仪黑屏质量问题

【问题描述】

某型制导系统试验鉴定中，在可靠性行驶试验时，出现夜间驾驶仪黑屏，无

图像显示的质量问题。

【问题识别】

该型装备可靠性行驶试验中,在全系统功能状态检查正常后,进行高速路、山区路、越野路、颠簸路等路面的可靠性行驶试验。装备行驶试验过程中和结束后,检查全系统功能状态是否正常。

经分析,行驶试验开始前,夜间驾驶仪工作正常,图像显示稳定。行驶里程约 150 km 后进行功能检查时发现,夜间驾驶仪在驾驶员终端的所属显示区域黑屏,无图像显示。根据故障树分析,行驶试验中驾驶员终端显示区域黑屏主要由电源供电异常、驾驶员终端显示屏损坏、信号传输线路异常引起。

1. 电源供电异常

测试夜间驾驶仪的驾驶员终端输入电压,电压值正常,且与终端连接可靠。排除电源供电异常引起故障。

2. 驾驶员终端显示屏损坏

采取替换法,将该驾驶仪的驾驶员终端安装于其他夜间驾驶仪上,该驾驶员终端图像显示正常,工作正常。排除驾驶员终端显示屏损坏引起故障。

3. 信号传输线路异常

采取替换法,将其他工作正常的驾驶员终端安装于故障系统上,发现安装后的驾驶员终端无法正常工作,判断故障由于信号传输线路异常引起。

进一步检查驾驶员终端信号线路连接情况,发现同一时刻夜间驾驶仪车载终端图像显示正常。检查驾驶仪信号连接传输链路,发现夜间驾驶仪电子控制箱内图像融合电路板与图像电路底板之间,进行连接的双头排针高度不一致,左侧排针有松动现象。判断质量问题可能由双头排针松动导致电路短路引起。

【问题原因】

双头排针偏短不能保证与两端的插座同时充分接触,在车辆振动或安装、维修的插拔过程中,排针向一端的插座窜动,与另一端的插座接触不良,导致视频通道电路断路。

双头排针示意图如图 4.40 所示。

【问题整改】

1)更换长度较长的双头排针。

2)加强双头排针质量筛选,确保双头排针固定可靠。结合后续运输试验,夜间驾驶仪工作正常。

图 4.40　双头排针示意图

【同类问题】

某型车载武器系统功能检查中,出现夜间驾驶仪红外通道无视频的质量问题。经检查,红外驾驶仪电子控制箱内电路板的连接双头排针与插座反复插拔,造成排针松动、接触不良,导致红外通道视频电路断路,夜间驾驶仪红外通道无视频。

【问题启示】

装备要选择符合标准要求的元器件,对于插接头、板卡等需要拆卸安装的部件,要符合接触紧密、无松动的基本要求,必要时安装卡扣等装置,保证装备在各种状态下工作正常。

七、案例 7：某型电视观瞄仪视场异常质量问题

【问题描述】

某型侦察车试验鉴定中,开展侦察能力检查,车载热像仪由大视场切换为中视场、小视场时,出现图像模糊现象,经多次操作故障现象重复出现的质量问题。

【问题识别】

该型装备侦察能力检查时,按照工作流程,车载热像仪通过切换大、中、小视

场进行目标跟踪识别,并锁定目标,考核评估系统性能指标是否满足要求。

经分析,在侦察能力检查前,车载热像仪视场切换正常,画面信息与系统实际状态一致。开展侦察能力检查,车载热像仪由大视场切换为中视场、小视场时,出现图像模糊现象,经多次操作故障现象重复出现。根据热像仪设计方案,光学调焦机构由调焦镜座与折转镜座组成,在热像仪视场切换时,调焦镜座与折转镜座协同工作,如果两个机构任何一个出现问题都会造成热像仪视场切换不到位而使图像模糊的现象。

1)检查折转镜座,未发现任何机械故障,由于折转镜座全部为机械结构,可以确定折转镜座工作正常。

2)检查调焦镜座,调焦镜座是由调焦电位器和传动螺杆组成,调焦镜座的传动螺杆无任何异常。在检查调焦镜座调焦电位器时,利用万用表检测调焦电位器电阻体发现阻值有异常。

判断质量问题可能由调焦电位器阻值异常引起。

调焦电位器结构图(浅灰框为电阻体、黑框为可移动电刷)如图 4.41 所示。

图 4.41　调焦电位器结构图(浅灰框为电阻体、黑框为可移动电刷)

【问题原因】

红外热像仪控制电路中调焦电位器在使用环境综合应力影响下,内部出现故障,电刷与电阻丝接触不良,输出的电阻值不稳定,出现阻值跳动和漂移,导致调焦镜座在调焦过程中不能精确定位,使红外热像仪在视场切换时无法准确对焦。

【问题整改】

更换调焦电位器,装配后完成气密性检查,进行重复开关机和大、中、小视场切换,确保质量问题彻底解决。重新通电进行侦察能力检查,红外热像仪功能状态正常。

【同类问题】

某型制导系统试飞行试验时,出现观瞄仪电视模式下变倍失效,无法进行大、小视场切换,画面实际呈现为小视场,但系统显示为大视场,系统按大视场进行跟踪控制,无法锁定目标的质量问题。经检查,观瞄仪控制电路中变焦电位器在使用环境综合应力影响下,内部出现故障,电刷与电阻丝接触不良,输出的电阻值不稳定,出现阻值跳动和漂移,导致内部 AD 转换器无法获得稳定的数据,造成焦距显示错误。

【问题启示】

变焦电位器在工作过程中,通过电刷与电阻丝的接触调整电路输出,长时间工作和环境应力易导致该类器件产生质量问题。因此,在质量问题排查中,应重点关注此类元器件的工作状态是否正常。

八、案例 8:某型无人系统不定位质量问题

【问题描述】

某型无人系统试验鉴定中,在飞行试验时,出现定位板收星数跳变剧烈,在正常与不正常之间反复变化,直至收星数变为零,卫星导航无法定位的质量问题。

【问题识别】

该型装备飞行试验时,按照系统工作流程,启动无人系统,在飞行过程中,考核无人系统飞行工作状态,评估系统飞行能力。

经分析,无人系统导航装置由接收天线、接收处理板和底板三部分组成,通过底板给飞控系统供电并提供数据接口。接收处理板包括射频通道、数字基带处理、时钟晶振、电源处理和接口处理。卫星信号通过天线接收后,送到基带处理模块,完成卫星信号的捕获跟踪,解算出原始数据和观测量,通过串口发送给飞控系统。时钟晶振为接收机提供本振时钟和处理器的工作时钟。电源处理模块对外部输入的直流电源进行处理,为设备内部各个模块提供满足要求的电源。接口处理模块实现了设备对外的用户接口、加注接口等功能。

根据故障树分析,同一类型的多颗卫星定位数据均出现异常,因此排除个别通道元器件异常。

接收机不定位故障树如图 4.42 所示。

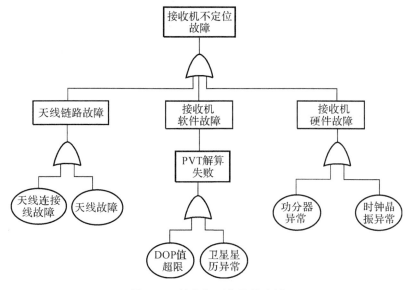

图 4.42 接收机不定位故障树

1. 信号接收故障

信号接收故障主要由天线连接线缆故障或天线故障造成。接收机与接收天线间采用线缆进行连接,对配套线缆进行检查,没有发现故障,因此可排除天线连接线缆故障。天线是已通过检验的合格品,采取替换法检查,没有发现天线故障,因此可排除天线故障。

2. 软件故障

系统软件已通过软件测评,对其中的捕获模块、通道处理模块、解算模块和输入输出模块等进行了静态及动态测评,软件符合设计要求。

接收机出现故障前,有效定位时的精度因子(DOP)小于 3,当出现不定位故障时,卫星星图没有突变,DOP 值也不会突变,因此可以排除 DOP 超限导致接收机不定位的故障。一般来说卫星数量越少,DOP 值越大,反之 DOP 值越小,为保证接收机输出的定位信息的精度,在设计上选择较大的 DOP 值确保定位结果有效,其他为无效定位,即不定位。接收机在出现不定位故障时,定位解算所使用的星历没有更新,因此可以排除卫星星历异常导致接收机不定位的故障。

3. 功分器异常

接收处理板接收来自天线的卫星信号,首先通过功分器将各频点进行分路处理,而后分别送入独立的变频电路。结合故障现象,出现故障时多种定位模式下均不能正常定位,如果功分器异常,会使天线传输的卫星信号无法有效进入接收机,导致接收机不定位,因此不能排除功分器异常导致的故障。

4. 时钟晶振异常

晶振出现异常后,当受到外部应力影响时会出现瞬间抖动现象,即其输出的频率会在短时间内发生跳变,使卫星通道的锁相环出现发散现象,导致接收机不定位。因此不能排除时钟晶振异常导致的故障。

为进一步判断故障,对功分器异常和时钟晶振异常进行环境试验。通过对试验数据进行分析,发现当出现故障时,接收机能够跟踪卫星信号,可以排除功分器异常故障。从故障时的卫星通道信息分析,接收机跟踪的多颗卫星出现了锁相环发散现象,不能有效参与定位解算,导致无法定位。同一频点多个锁相环同时发散的原因只能是给锁相环输入的本振频率发生跳变。

【问题原因】

受低温环境下应力影响,时钟晶振异常引起接收机卫星通道锁相环发散,导致参与定位解算的卫星数不满足定位要求,最终导致接收机不定位。

【问题整改】

更换时钟晶振,对定位板功能进行环境试验验证。重新进行飞行试验,系统定位功能正常。

【同类问题】

某型火力系统射击试验时,火炮瞄准手显示器出现闪屏现象,之后出现花屏、黑屏直至死机的质量问题。经检查,主控模块在连续工作后,由于热效应导致性能不稳定,屏幕出现闪烁,随着性能逐渐降低开始出现花屏、黑屏,在主控模块完全失效后,瞄准手显示器死机。

【问题启示】

器件质量随连续工作后的热效应出现不稳定,属于元器件因长期工作和环境应力叠加效应引起的质量问题。该类问题可以通过加大元器件筛选力度、控制装备工作环境、规范元器件维护检查等手段有效避免。

第六节 光电装备维护使用问题案例

一、案例 1:某型寻北仪定向精度不合格质量问题

【问题描述】

某型寻北仪高温贮存试验,在试后功能检查时,出现定向精度不满足指标要

求的质量问题。

【问题识别】

该型装备高温贮存试验时,将装备整体置入高温试验箱,在高温贮存试验前进行装备功能检查,确保装备工作状态正常后关机,开始高温贮存试验。高温贮存试验结束后,恢复至常温状态下,再次进行装备功能检查,检查装备工作状态是否正常。

经分析,高温贮存试验开始前,装备功能检查未出现问题,寻北仪工作正常,定向精度满足指标要求。高温贮存试验结束后,在恢复至室外自然温度条件下进行功能检查,发现定向精度不满足指标要求,经多次重复定向测试,定向精度全部不满足指标要求。根据故障树分析,高温环境下出现定向精度不满足指标要求主要由寻北仪硬件受热产生故障导致。

经检查,恢复至常温状态下的寻北仪硬件结构完整,显示功能正常,除定向精度不符合指标要求外,无其他异常反应,拆机后未见明显的元器件损坏情况。在进一步检查中,发现寻北仪导流丝对应的旁路触头附近有少量的油污堆积,考虑导流丝在寻北仪工作中的重要作用,判断质量问题可能由因油污堆积导致的寻北仪扭力不平衡引起。

【问题原因】

导流丝对应的旁路触头存在油污,导致过流,致使导流丝扭力平衡位置发生变化,使寻北仪定向精度发生变化或漂移。

寻北仪中,导流丝是为陀螺马达供电的引线装置,其结构形式、安装工艺、材料扭转刚度及其稳定性等因素都会影响陀螺房摆动零位的稳定性,造成寻北仪的定向精度偏差。

【问题整改】

1)对寻北仪旁路触头和旁路触点表面的油污进行清理,重新开始高温贮存试验,寻北仪定向精度满足指标要求。

2)进一步严格规范寻北仪出厂检测标准。

3)在装备维护使用手册中,增加导流丝引起的定向精度不满足指标要求的故障排查相关内容。

【同类问题】

某型夜间驾驶仪可靠性综合环境应力试验前,夜视摄像头开机后图像出现蓝色勾边花纹,影响观察,关机后再次开机现象依旧。经检查,该装备在可靠性试前的作用距离试验中,显示器出现花屏问题,更换新的液晶显示屏后,有部分紧固胶残渣留在主板柔性印刷电路板（FPC）连接器内部，导致液晶显示屏排线与 FPC 连接器接触不良，图像出现蓝色花纹。

【问题启示】

按照装备维护使用要求开展装备状态检查和维护，才能有效避免质量问题发生，特别是对于油污、胶体等细节，必须做到细之又细、慎之又慎，避免发生问题后分析处理困难，迟滞试验鉴定进度。

二、案例 2：某型侦察车无视频显示质量问题

【问题描述】

某型侦察车高温工作试验中，在试中功能检查时，显示器无视频图像，发现视频编码器电源保险丝熔断，更换损坏保险丝后，保险丝再次熔断的质量问题。

【问题识别】

该型装备高温工作试验时，将装备整体置入高温试验箱，在高温工作试验前进行装备功能检查，确保装备工作状态正常后关机，将高温试验箱温度升高至装备高温工作温度，在装备保高温保透并开机检查工作状态正常后，使其于高温下持续工作，并适时检查工作状态，直至高温工作试验结束。

经分析，高温工作试验开始前，装备功能检查未出现问题，显示器正常输出视频图像。高温工作试验过程中，进行装备功能检查，发现显示器无视频图像输出，拆机查看视频编码器电源保险丝熔断，更换保险丝后，开机保险丝再次熔断。根据故障树分析，视频编码器保险丝熔断主要由内部电源短路、后端设备传感器短路、后端设备连接线路短路引起。保险熔断故障树如图 4.43 所示。

根据故障树查找，故障位置位于视频编码器后端，视频编码器后端主要由传感器和连接线路构成。更换视频编码器后端的传感器，故障未消失，由此可判断故障应该是传感器线路出现短路，逐一排查线路，发现传感器的接插件中有铝屑，清除后，重新加电试验，故障排除。

判断质量问题由线路中铝屑引起。

【问题原因】

与视频编码器连接的倾角传感器的线缆连接器内部的少量铝屑，引起线路短路，导致视频编码器保险丝熔断，无法正常显示图像。

【问题整改】

完全清理线路连接器内残留的铝屑，更换视频编码器保险丝，重新开始高温

工作试验,显示器视频显示正常。

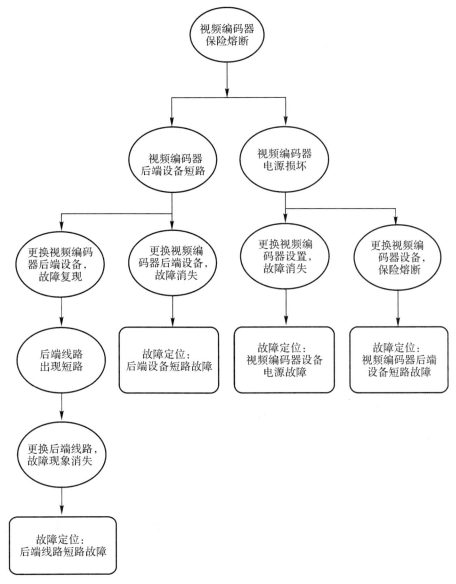

图 4.43 保险熔断故障树

【同类问题】

某型驾驶仪可靠性综合环境应力试验中,在第 1 个循环高温条件下工作时,车载驾驶仪开机工作正常,2 h 后功能检查,发现显示屏黑屏,无图像显示,关机后再次开机现象仍存在。经检查,车载驾驶仪的视频同轴线缆采用接插件方式进行焊接,焊接中部分锡渣未清理干净,形成电路短路,导致转换电路中的电容被击穿。

【问题启示】

维护安装不规范、不严格,对于残留的金属屑清理不到位而引起的电路短路问题,造成的危害不容忽视。作为装备正常使用的基本要求,必须引起高度重视,避免发生同类问题。

三、案例 3:某型可见光摄像机调焦阻滞质量问题

【问题描述】

某型侦察车系统试验中,在电视摄像机工作时,出现长焦向短焦变焦不顺畅、阻滞的质量问题。

【问题识别】

该型装备试验时,在电视摄像机工作状态下,经常要进行长焦向短焦的变焦,以实现对侦察目标的识别判定。

经分析,电视摄像机长焦、短焦变焦问题发生后,对电视摄像机又进行了多次变焦操作,发现阻滞现象时轻时重,偶尔会出现变焦停顿现象。

电视摄像机光学系统由前组镜、变焦组、补偿组和后组镜组成。变焦机构由变焦组、补偿组、直线导轨、变焦曲线筒和驱动电机组成。变焦组和补偿组通过直线导轨沿光轴相对运动实现光学系统焦距调整。变焦曲线筒上设计有曲线槽,控制和引导系统变焦,驱动电机提供变焦动力。根据系统变焦工作原理,出现的变焦阻滞或停顿现象主要由以下原因引起:

1)变焦曲线筒加工或装配可能存在误差,导致变焦阻力不均。经测量,直线导轨和变焦曲线筒加工或装配误差在标准公差范围内,符合工艺要求。

2)电机或驱动电路故障,性能下降,导致变焦驱动力不足。经测量,电机性能(如电机力矩、转速等)及电机驱动电路(如电流、电压等)输入参数和输出力矩满足设计使用要求。

3)润滑油脂干涸,引起阻力增大。为保证电视摄像机变焦平滑,在各运动配合部位涂覆了一定的润滑油脂。打开光学机构,先检查直线导轨、变焦曲线筒和驱动电机等活动部位油脂涂覆情况(如油脂的种类、挥发性、干枯程度等),发现油脂出现黏稠、干枯、涂覆不均等情况。判断质量问题可能由润滑油脂不满足使用要求引起。

【问题原因】

该装备在质量问题发生前,进行了多次高温试验、低温试验、高温充氮、开镜调试等项目,可能导致润滑油脂挥发、干涸,使变焦阻力增大,引起系统阻滞,且该装备自多年前生产装配后一直未进行油脂更换维护。

【问题整改】

1)装配好后进行气密性检查并充氮,在规定的高低温条件下工作至少 2 h,并各进行 50 次变焦性能试验,以充分验证整改措施的有效性。

2)制定电视摄像机维护保养规范,定期开展维护保养工作,保证装备可靠工作状态。

【同类问题】

某型无人系统寒区试验中,出现前视红外侦察平台不执行"收"操作的质量问题。经检查,光电载荷中接插件在寒冷地区使用,插头处未按照维护保养使用要求涂低温润滑脂,导致接插件插入困难发生接触不良,影响系统操作使用。

某型无人系统低温试验中,出现前视红外侦察平台角度更新参数跳动的质量问题。经检查,低温环境下,插头处未按照维护保养使用要求涂低温润滑脂,导致接插件接触不良,产生更新参数跳动。

某型制导武器系统射击试验中,出现不能正常进行视场切换,无法正常切换到小视场的质量问题。经检查,装备在试验鉴定前进行了大量平台性能调试和摸底测试,需裸露平台以便布设传感器进行监控,工作环境控制不够严格,造成平台被灰尘污染,并由于多次反复的拆卸装配,导致螺纹锁固剂固化后形成的粉尘散落,这些灰尘被润滑油脂吸附形成混合物附着在丝杆和导轨表面,经过若干次切换,往复运动,使得混合物堆积形成阻尼,造成视场无法切换的故障。

【问题启示】

装备维护保养是装备保持正常工作状态的基础。一方面,要对维护保养内容进行系统全面考虑,防止漏项;另一方面,要按照操作使用要求规范开展维护保养,防止缺项。

四、案例 4:某型侦察平台无法收回质量问题

【问题描述】

某型无人系统试验鉴定中,在飞行试验时,出现侦察平台未按照指令收回的质量问题。

【问题识别】

该型装备飞行试验时,按照装备工作流程,将系统上电开机,在空中检测系统各项功能指标是否正常,是否能按照程序顺利完成起飞回收任务。

经分析,系统前期地面检查和飞行试验中,侦察平台均能按照指令控制进行回收,未发生无法收回的故障。本次飞行试验过程中,出现无法收回故障后,重复下达指令 10 余次,均未执行指令,建立故障树分析。

1. 平台未能收到指令

根据软件协议,若接收到指令,软按键将显示为绿色;若未接收到指令,软按键将显示为红色。试验中,虽然平台未能执行指令,但软按键的颜色为绿色,表示平台已接收到指令。

2. 升降机构电机驱动力不足

平台在地面联试、飞行试验中多次进行过升降操作,一直工作正常。飞行完成后在地面排除故障中,升降机构仍可正常升降,因此,升降机构电机驱动升力工作正常,满足侦察平台升降操作需求。

3. 线路连接故障

拆机检查,测试升降机构电源电缆和信号电缆,发现升降机构电源电缆连接好,信号电缆未连接好。

判断质量问题可能由信号电缆未连接好引起。

【问题原因】

侦察平台所使用的接插件为航空插头,接插操作过程中,根据声音可以判断是否连接好。在系统飞行试验前,对系统的维护保养过程中,对系统插头进行检测维护后,未按照要求对连接紧固情况进行检查确认,导致信号电缆插头未可靠连接。

【问题整改】

按要求重新连接信号电缆插头,确保状态可靠后,重新开始地面检测和飞行试验,侦察平台机构功能正常。

【同类问题】

某型装备湿热功能检查时,出现卫星导航设备开机后显示界面停留在系统界面,无法进入上层应用软件操作菜单界面的质量问题。经检查,卫星导航设备上的 TF(T - Flash)卡存在污染,TF 卡在插入插座后,经外部温度环境的综合影响,使 TF 卡金手指表面导通性逐渐变差,阻抗增加,使 TF 卡与插座出现断路,导致卫星导航设备无法识别 TF 卡,上层应用软件无法启动。

某型侦察系统高温工作时,出现红外搜索设备自动关机重启的质量问题。经检查,电源板电源输入连接器插头氧化导致接触不良,高温下制冷型红外组件制冷机功耗增加,叠加电机控制板在俯仰操作时引起电机重新启动,使整机瞬间功耗增大,触发了背架电源适配器自动过载保护,从而导致设备自动关机重启。

【问题启示】

武器装备使用过程中,对插拔件、电气接口等部件使用情况要特别关注,采取设置防误插拔、紧固卡扣等手段,并通过规范性、经常性的清洁保养,确保装备状态可靠。

五、案例 5:某型导航设备指标超差质量问题

【问题描述】

某型定位定向设备试验鉴定中,在低温工作试验时,在方位角 2 800 mil 和 5 800 mil 两个方向出现寻北重复性和精度超差的质量问题。

【问题识别】

该型装备低温工作试验时,将装备整体置入低温试验箱,在低温工作试验前进行装备功能检查,确保装备工作状态正常后关机,将低温试验箱温度降至装备低温工作温度,在装备保低温保透并开机检查工作状态正常后,使其于低温下持续工作,并适时检查工作状态,直至低温工作试验结束。

经分析,该型定位定向设备在低温工作试验前,装备功能状态检查一切正常,精度符合要求。在低温工作试验过程中,进行寻北精度检查,发现在方位角 2 800 mil 和 5 800 mil 两个方向出现寻北重复性和精度超差的质量问题。恢复常温后,在不改变安装状态的基础上再次进行寻北测试,寻北精度满足要求。由于该型定位定向系统是作为抽选样品之一进行的试验,而其余样品低温工作试验中均状态正常,且系统前期测试也未出现任何故障。初步怀疑低温工作精度超差不是系统自身原因,而是安装问题。

经检查,根据系统特点和应用环境,定位定向导航设备采用减振器平面对称安装,4 个橡胶减振器分别安装于惯导左右框架的 4 个支耳上,并尽量确保减振器支撑中心通过定位定向导航设备质心,从而保证 3 个轴向等刚度,减小角运动。系统采用的减振器频率可使陀螺仪机抖工作在最佳状态,既确保了陀螺仪工作安全性,同时确保精度损失小。定位定向导航设备如图 4.44 所示。

图 4.44 定位定向导航设备

该减振器串装在轴套上,两端通过压片压紧固定。如果根据相关工艺要求,使用力矩扳手将减振器固定安装,可以确保 4 个减振器受力平衡,且在压紧状态不影响其性能。如果在没有力矩条件进行安装时,可能会造成过紧安装或安装力不足,导致减振器受力不均匀,直接改变减振器的特性,特别是谐振频率。在常温条件下,橡胶减振器在压紧状态下其频率特性变化不明显。然而在低温条件下,橡胶减振器将变硬,导致谐振频率增大,如果安装过紧还将进一步增大谐振频率,从而导致陀螺仪机抖异常,影响激光陀螺精度。判断质量问题可能由橡胶减振器安装不到位引起。

【问题原因】

在前期称重试验中,激光陀螺仪进行过拆卸安装步骤,安装过程未按工艺要求使用力矩扳手进行紧固,导致橡胶减振器安装不到位、受力不平衡。4 个橡胶减振器在受力不平衡条件下会影响激光陀螺仪的机抖特性和精度,从而对低温条件下系统寻北精度产生影响。

定位定向导航设备的核心部件惯性测量单元是由 3 只激光陀螺仪和挠性加速度计组成。为了克服锁区,激光陀螺仪工作时必须处于抖动状态,最佳抖动状态是使激光陀螺仪抖动工作在其谐振频率,此时驱动效率最高,陀螺仪精度高并且稳定。当陀螺仪机抖偏频量小于一定数值时,锁区误差影响明显,陀螺仪精度将明显下降。激光陀螺仪的机抖状态在很大程度上受承载陀螺仪的结构框架刚度以及减振器的影响。如果框架刚度低,特别是其谐振频率下降到机抖频率时,将大大消耗机抖驱动能量,使得机抖偏频量达不到设计值,从而带来锁区误差;

如果减振器谐振频率过高,减振器不能实现负载的有效隔离,使得整体刚度偏低,同样消耗机抖能量,使抖动达不到设计的抖幅,从而导致陀螺仪偏频量降低,产生锁区误差,最终影响到陀螺仪精度。

【问题整改】

按照安装工艺要求,使用力矩扳手对橡胶减振器进行安装固定,重新开展低温工作试验,设备工作正常。

【同类问题】

某型侦察车系统试验鉴定中,在电场辐射发射测试时,指挥终端1号机在199 MHz出现电场辐射发射超差,屏幕边角、插口、数据线通过口等多处存在电磁泄漏的质量问题。经检查,指挥终端1号机在前期试验中曾多次拆机,导电密封胶条磨损严重,导致电场辐射发射超差,屏幕边角、插口、数据线通过口等多处存在电磁泄漏。

某型无人系统湿热试验中,试验结束前进行功能检查时,出现开关电源输入异常的质量问题。经检查,调试中对DC模块进行了多次拆装,导致汇流条表面镀层受到一定程度的损伤,且装配时1只螺钉未能紧固到位,导致电源在随系统进行湿热试验时,汇流条上因水汽积聚而出现锈蚀,造成模块与输出滤波电路接触不良。

某型侦察车系统可靠性试验中,机电测角仪开机后显示测距故障。经检查,机电测角仪前期调试时,多次在未打开紧固螺母的情况下插拔数据线,导致机电测角仪与激光测距机之间的数据线接口焊接处松动,无法正常工作。

【问题启示】

装备状态一致性是试验开展的基本要求。在装备试验过程中,要特别关注装备的拆卸、安装等环节步骤是否对装备状态造成影响,避免因人为因素导致试验质量问题发生。

六、案例 6：某型观瞄仪信息显示错乱质量问题

【问题描述】

某型制导武器系统试验鉴定中,在可靠性试验时,出现热像模式下观瞄界面信息紊乱,桅杆次数、方位、俯仰均显示错误,此时切换到电视模式下显示正常的质量问题。

【问题识别】

该型装备可靠性试验时,按照操作流程对装备进行操作使用,记录装备故障

类型及处理情况,并统计可靠性累计工作时长,最终评估装备可靠性结果。

根据故障树分析,可靠性试验中系统观瞄界面信息紊乱主要由观瞄软件故障、视频处理单元故障、线路连接故障引起。

1. 观瞄软件故障

装备观瞄软件通过了专门的软件测评,电视模式下工作正常,且在前期试验过程中,未发现问题故障,基本可以排除软件故障。

2. 视频处理单元故障

装备热像模式下观瞄信息显示错乱,而电视模式下显示正常,可以排除视频跟踪板发生故障的情况。

3. 线路连接故障

拆机检查观瞄内部线路,发现观瞄仪视频跟踪板的锁紧装置未锁紧到位,接插件存在接触不良的现象,综合考虑前期试验情况和本次故障现象,判断质量问题可能由视频跟踪板的连接不可靠导致。

【问题原因】

观瞄仪在前期试验过程中,对产品软件进行了升级,升级过程中需要对视频跟踪器板进行插拔,完成升级后锁紧装置未按照要求锁紧到位,导致视频跟踪器板接插件接触不良,造成热像信息显示异常。

【问题整改】

按照规范要求,对视频跟踪器板锁紧装置进行锁紧,并二次检查确认。结合后续可靠性试验验证,同类问题再未发生。

【同类问题】

某型制导武器系统可靠性试验中,热像图像出现卡滞现象,电视图像显示正常,热像重新上电后,恢复正常,该质量问题当天出现两次。经检查,热像仪视频插头未拧紧造成接触不良,导致热像图像反复出现卡滞故障。

某型无人系统飞行试验中,出现原地绕飞,无法正常飞行的质量问题。经检查,磁航向传感器接插件插接不到位,造成接插件松动,导致接触不良,飞行不正常。

某型侦察车系统低温工作试验中,出现激光诱偏干扰设备随动观瞄转台自检故障的质量问题。经检查,随动观瞄转台俯仰驱动器插头插座未进行紧固,出现松动,导致接触不良,产生自检故障。

某型火力系统功能检查中,出现卫星接收机无法定位的质量问题。经检查,卫星接收机天线输出射频连接器头座出现松动,紧固不到位。

　　某型制导武器系统运输试验中,在行驶 100 km 后,采用底盘供电,进行系统检查时,发现射手显示器的周观图像黑屏,无瞄准十字,也无任何字符。在后续行驶试验中,多次出现"时而黑屏,时而正常"的现象。经检查,射手显示器电路中接插件接触不良,导致图像无法正常显示。

　　某型制导武器系统快速充电时,充电维护设备在进行快速充电时报故障,无法进行快速充电。经检查,充电线缆与充电维护设备接触不良,触电接触阻值增大,以至于电池与充电维护设备的数据通信异常,充电维护设备接收到错误数据导致终止充电程序,显示故障。

　　某型炮兵侦察系统功能检查中,出现显控器显示闪烁,显控器液晶显示器屏幕时变暗、时正常的质量问题。经检查,电源接插件与电源线连接处的地线断裂,与其相邻的电源线绝缘层破损,铜丝裸露。断裂的地线有时和电源线裸露的铜丝碰触,造成电源短路,导致液晶显示器时变暗、时正常。

【问题启示】

　　随着装备电子化、信息化程度越来越高,电路连接、插件接插等固定不到位,导致接触不良而引发的故障问题已成为影响装备质量的重要因素。因此,在装备设计、使用、维护过程中,应注重设计的科学性、使用的正确性和维护的规范性。

七、案例 7:某型驾驶座椅螺栓松动质量问题

【问题描述】

　　某型侦察车系统试验鉴定中,在可靠性行驶试验时,出现驾驶座椅靠背调节螺栓松动,导致座椅靠背晃动的质量问题。

【问题识别】

　　该型装备可靠性行驶试验时,按照高速环形路、山区道路、凹凸不平路等不同路面要求,试验前对装备外观状态进行检查,确保装备状态满足要求。试验过程中,对装备的外观状态进行检查。

　　经分析,可靠性行驶试验前,驾驶座椅固定可靠,未出现晃动。试验过程中,发现驾驶座椅靠背晃动。初步怀疑驾驶座椅靠背调节螺栓松动引起该质量问题。

　　经检查,驾驶座椅靠背 4 个调节螺栓均出现松动。判断质量问题可能由螺丝固定不到位引起。

【问题原因】

可靠性行驶试验中，装备经过高速环形路、山区道路、凹凸不平路等路面行驶，导致固定不到位的驾驶座椅靠背调节螺栓产生松动，引起座椅靠背晃动。

【问题整改】

对所有座椅螺栓进行检查和紧固，并压紧平弹垫。继续开展可靠性行驶试验，问题未再次出现。

【同类问题】

某型侦察车系统可靠性行驶试验中，发现左中、右中车架与厢体连接螺栓松动，相邻连接螺栓及其他所有连接螺栓均未松动的质量问题。经检查，左中、右中车架与厢体连接螺栓未按照操作要求进行紧固，导致车架与厢体连接松动。

某型火力系统跌落试验中，出现炮长终端跌落后不能开机的质量问题。经检查，炮长终端机锂电池组内部组件不够紧固，在跌落过程中导致瞬时短路，电路板自我保护，电池组停止对外供电，导致主机无法开机。

某型侦察车系统功能检查中，出现红外告警软件上图像刷新变慢，30 min后图像刷新速度恢复正常的质量问题。经检查，CamerLink 连接器左、右两侧螺丝没有拧到底，热胀冷缩，在转台转动起来且温度降低时接触不良，使得电平翻转增多。电平翻转打乱了包的结构，使得帧头位置连续错误，连续出现 error包。当列信号出现少量电平翻转时，告警图像会偶尔卡滞；当接触不良时较严重，电平翻转几秒钟出现一次甚至每秒钟都出现，就会频繁产生复位信号，从而导致明显的卡滞现象。

某型侦察车系统低温工作试验中，出现水冷系统液位低故障。经检查，激光器激光头水冷接头未拧紧，存在漏冷却液现象，导致激光水冷设备内液位低，报液位低故障。

某型制导武器系统行驶试验中，在常温下升降电机工作时，桅杆不能升起。经检查，升降电机与桅杆之间的摩擦力矩板松动打滑，紧固不到位，导致桅杆无法升起。

某型火力系统射击试验中，出现自动复瞄精度超标的质量问题。经检查，紧固螺钉未将台体可靠紧固，台体在射击过程中遭受了二次冲击，方位陀螺输出的角速度脉冲信号瞬间丢失，导航解算时方位角保持精度超差。

【问题启示】

装备部件器件紧固问题看似细小，实则影响极大。一方面，在装备装配上，必须做到精细化、规范化，形成严格的标准要求，严把检验验收关口；另一方面，在装备使用上,必须做到程序化、制度化,明确合理的维护规程,严控操作使用步骤。

八、案例 8:某型测距机最大测程未达标质量问题

【问题描述】

某型无人系统试验鉴定中,在最大测距试验时,出现激光测距机最大测程不满足指标要求的质量问题。

【问题识别】

该型装备最大测距试验时,先采取地面试验进行,通过设置最大距离的目标,激光测距机连续多次进行测量,对最大测程的准测率进行考核评价。在飞行试验时,检测最大测程的测距是否正常。

经分析,地面最大测程试验时,由于地面试验无合适的独立大目标,所选目标为大片连绵起伏的山丘,激光照射在多个不同距离的山丘上,各个山丘上的激光能量都比较弱,导致准测率降低。而飞行试验时,准测率较高,但未达到指标要求。可见光电视侦察平台由可见光电视、激光测距机、稳定转塔等部分构成,建立故障树逐一分析。

1. 测距机发射光路损坏或性能下降

使用能量计多次测量出射激光能量,结果在正常范围内,表明发射光路正常。

2. 测距机接收光路损坏或性能下降

测距机在飞行试验中超过最大测程有测距结果,最大测程处准测率较高,对地面近距离目标大量测距正常,表明接收光路正常。

3. 多光轴平行度异常

可见光电视侦察平台对目标进行定位时共有 3 个光轴,分别是可见光电视、测距机发射光路、测距机接收光路。

无人系统携带可见光电视侦察平台对目标定位的原理是:可见光电视拍摄目标区域视频,并驱动稳定转塔,使得图像波门跟踪目标,测距机随稳定转塔转动方向,激光器发射激光,能量探头接收激光回波,测得目标距离。无人系统根据飞行器位置、目标方向、目标距离,计算得到目标的坐标。

定位精度满足指标要求,表明无人系统用来计算目标坐标的整个流程中各种数据是正确的,激光测距结果正确,由此可知飞行中波门锁定目标时,激光确

实照射在目标上,即可见光电视光轴与测距机发射光路平行度正常。

判断故障原因是测距机接收光轴发生偏离,导致较远距离上测距回波减少。

【问题原因】

前期系统发生其他故障问题后,在进行故障归零修复过程中,未按照操作规程进行,造成了系统接收光路与安装基准面夹角过大,超出正常标准要求的最大值。

【问题整改】

重新安装调整系统接收光路与安装基准面,确保夹角符合标准要求,规范装备故障维修过程,防止因维修不当引起新的质量问题。重新开展最大测程试验,测距工作正常。

【同类问题】

某型夜间驾驶仪可靠性综合环境应力试验中,出现显示器蓝屏的质量问题。经检查,在显示器蓝屏问题发生前,夜间驾驶仪对前期问题故障进行整改时,维修位置靠近主板上的电源转换芯片,操作过程中造成了电源转换芯片的位置移动,导致芯片2、3脚有虚接短路现象。显示器经长时间高温工作后,电源转换芯片的2、3脚短路,造成芯片被击穿烧毁。

【问题启示】

装备故障整改归零是试验鉴定工作的一项重要内容。故障的整改必须按照严格的规范要求开展,要对故障整改后的装备状态进行准确全面的检查评估,防止因故障整改影响装备整体性能。

第五章　光电装备试验鉴定
质量问题预防

光电装备试验鉴定质量问题预防是一项科学性、系统性工作。从装备管理来看,涉及装备设计、装备生产、装备试验、装备使用等各个环节;从装备组成来看,涉及光电系统、控制系统、导航定位系统、通信系统、电源系统等各个部分;从装备故障来看,涉及设计缺陷故障、安装装配故障、元器件质量故障、软件故障、机械结构故障、环境适应故障、维护使用故障等各个类型。依据光电装备原理机理和结构性能,结合对发生的光电装备试验鉴定质量问题的研究分析,我们认为针对光电装备试验鉴定质量问题预防,应重点做好以下工作。

一、指标论证要科学准确

光电装备研制的首要任务是指标论证,科学准确的指标论证对于指导设计生产、考核评估、操作使用都有极为重要的作用。指标论证要紧跟国防建设重大战略需求,紧跟信息化、智能化前沿科学技术发展,紧跟光电装备能力水平提升,构建形成科学先进、体系完整、系统完善、详细全面、规范准确的指标体系,满足光电装备实战化应用需求。

(一)指标论证要注重新技术应用

新技术是推动装备建设发展的催化剂。光电装备作为信息化、智能化武器装备的代表和重要组成,充分反映了新技术对装备体系建设和作战效能的重大促进作用。装备指标论证要紧跟国内外新技术发展现状,及时跟踪掌握,开展验证评估,把成熟的新技术作为装备指标论证的重大依据,作为作战能力提升的重要手段,要做到新技术与装备整体性能相匹配、相适应,确保指标体系论证先进科学、系统全面、有效可行。

(二)指标论证要注重研制能力水平

研制能力是一国工业制造水平的体现,更是国家的硬实力。指标论证过程中,一定要避免盲目追求过高的战术技术指标,要结合国家的工业能力和制造业现状,在充分掌握装备研制能力的基础上提出科学可行的指标体系,既满足装备能力提升需求,又符合装备研制能力水平,过高的指标将会导致研制过程中被迫降低指标、拖延进度,影响整个装备研制的质量效益,甚至导致装备研制失败。

(三)指标论证要注重装备实战需求

实战需求是装备建设发展的源动力。一切装备的战术技术指标来源于战场需求,并始终为满足战场需求而持续优化提升。在指标论证中,要关注装备的编配构想和任务剖面,放在装备整体体系建设中进行考虑;还要关注装备的优势能力和基础能力,做到优势能力突出,基础能力均衡;更要关注装备的整体性能效能,在可靠性、维修性、保障性、电磁兼容性、环境适应性等方面充分论证,确保装备好用、管用、耐用。

二、方案设计要系统全面

方案设计是一项科学性、体系性、全面性都十分强的工作,是实现技术方法与具体实践结合、融合的关键,不仅涉及装备自身系统,而且关系装备体系整体,方案设计是否科学合理决定了装备整体质量水平的高低。在方案设计中,既要全面提出指标落实的具体实践路线和方法手段,还要对整个装备研制过程进行科学系统筹划,形成合理可行的研制方案,为装备研制生产提供指导依据。

(一)方案设计要注重体系筹划

装备作为一个完整的系统,离不开整体全面的筹划设计。加强一体化设计,把装备软件开发、硬件研制、接口协议等统一筹划,明确技术方法手段,规范生产工艺标准,合理划分步骤阶段,确保方案设计的科学性、系统性。加大对因设计不完善而引起的元器件环境应力、电磁静电防护、机械加工安装、技术工艺水平等因素的分析,查漏补缺,全盘统筹,确保方案设计科学可行。

(二)方案设计要注重继承创新

方案设计要把创新放在首位,选择新技术、新材料、新工艺,以提升方案设计的先进性,但作为一个复杂的大系统、大体系,最重要的还是要考虑已有研制成果的继承应用,确保设计方案的可行性。方案设计中,一般新技术、新材料、新工艺的占比不易过高,且这些新技术、新材料、新工艺必须经过理论分析和试验验证,盲目过分地追求新,往往会导致较大的研制风险,造成巨大损失。

(三)方案设计要注重评审审查

评审审查是确保方案设计合理性、科学性、规范性的必备步骤。一方面要充分发挥专家审查的智力支撑作用,把装备原理方法、构造组成、技术创新、重点难点等内容作为汇报重点,对专家提出的意见、建议进行闭环处理,并做好相关材料的保留存档;另一方面,要按照装备管理要求做好审查上报,按照层级管理,明晰责任,保证通过审查下发的方案的权威性,特别要关注设计变更的相关程序要求,做到有据可依。

三、生产研制要规范严谨

生产研制是由方案设计到装备实体的最关键环节,生产研制的好坏直接关系到装备质量水平的高低。装备生产研制体现一个单位的生产、技术、管理等综合能力,生产研制单位多数都建立了装备质量管理体系,用于控制、规范生产研制过程,确保生产研制质量。光电装备生产研制往往由于产品技术方法新、系统组成复杂、人员程序繁多、时间周期紧迫等因素制约,成为产生质量问题较多的环节。

(一)生产研制要注重设计要求落实

生产研制必须严格按照方案设计的步骤方法进行有效落实。该选用的材料找替代品、该加工的尺寸有误差、该安装的部件不到位、该实现的功能不满足、该齐备的器件不齐全、该实施的工艺有漏项等,都必然导致生产研制不能满足方案设计的需求,造成不该发生的问题。因此,吃透方案设计、落实研制方案、加强质量监管是必然且必须落实的关键事项。

(二)生产研制要注重采购器件质量

光电装备系统组成复杂、技术含量高,依靠一个单位一般无法独立完成所有器件、部件的生产研制任务,经常涉及到元器件的采购工作。对于在外采购的元器件,其技术状态的稳定性、可靠性往往不能被完全掌握,特别是在装备使用环境条件有特殊要求的情况下,元器件的筛选和质量管控尤为重要,必须加大对采购元器件的把关,作为装备研制风险点之一,予以重点分析管理。

(三)生产研制要注重环境过程控制

严格的环境过程控制是装备生产研制质量的有力保证。环境过程不仅包括工作场所、操作车间等,还包括设备设施、作业过程等,特别对于光电装备,要保证有符合温度、湿度、洁净度的厂房车间,有满足计量标准要求的加工设备设施,有规范严格的作业处理过程,有准确可靠的监测检验流程,等等。通过对生产研制环境过程的标准化、程序化管控,满足装备质量的高要求。

四、试验鉴定要严格正规

试验鉴定工作是按照战术技术指标要求,对装备性能效能进行的全面检验考核。试验鉴定工作专业性强、涉及面广、标准要求多,是一项科学严谨的工作。抓好试验鉴定工作可以摸清装备底数,探究装备指标边界,充分揭示、暴露装备问题和缺陷,为装备后续可靠使用夯实基础。

(一)性能验证试验要注重全面系统

生产研制的装备必须首先进行性能验证试验,检验装备是否达到设计指标,是否满足使用要求。该阶段要树立正确观念,敢于暴露问题,试验项目要全,试验标准要严,把该摸底的全面摸一遍,不放心的重点过一遍,对发现的问题彻底改一遍,确保通过试验的装备状态可靠。研制单位军事代表机构要统筹抓好管理,掌握影响装备质量的关键环节和薄弱环节,严格质量工艺监督,管好装备出厂关口。

(二)性能鉴定试验要注重重点关键

性能鉴定试验是武器装备的国家检验行为,也是流程最严格、标准最规范、考核最全面的试验考核活动。性能鉴定试验要掌握武器装备运用规律,做好试验项目的统筹安排,选用科学合理的试验方法,控制试验条件,检验人员能力,特别要关注采信和外包项目开展质量;要关注试验质量问题分析处理,按照"双归零"要求,避免因试验质量问题处理不当产生新的质量问题。

(三)试验鉴定全程要注重装备运用

光电装备试验鉴定过程中,不可避免会出现对装备的操作、拆装、保养等活动。从发生的质量问题看,不规范、不明确的使用维护是造成部分质量问题的根源。在装备拆装过程中,要保证装备拆装前、后状态的一致性,避免拆装不到位或影响其他部件性能;在装备使用过程中,要严格按照使用要求进行操作,避免未按操作步骤操作或无操作说明乱操作;在装备保养过程中,要严格按照保养规定的周期和方法进行,避免未按照周期或环境要求落实保养工作。

参 考 文 献

［1］ 王巧云.GJB 9001C—2017《质量管理体系要求》理解与实施［M］.北京:中国质检出版社,2017.

［2］ 谢军,王海红,李鹏,等.卫星导航技术［M］.北京:北京理工大学出版社,2018.

［3］ 董志明.战场环境建模与仿真［M］.北京:国防工业出版社,2013.

［4］ 王益森,范启胜.常规兵器试验故障与问题分析处理［M］.北京:国防工业出版社,2008.

［5］ 谷师泉,赵保伟,王栋,等.装备试验标准体系研究［M］.西安:西北工业大学出版社,2020.

［6］ 吕跃广,孙晓泉.激光对抗原理与应用［M］.北京:国防工业出版社,2015.

［7］ 王小鹏,梁燕熙,纪明.军用光电技术与系统概论［M］.北京:国防工业出版社,2011.